T0225202

Attraktiver Mathematikunterricht

Jürgen Maaß
(Hrsg.)

Attraktiver Mathematikunterricht

Motivierende Beispiele aus der Praxis

Springer

Hrsg.
Jürgen Maaß
School of Education, Institut
für Didaktik der Mathematik
Johannes Kepler Universität Linz
Linz, Österreich

ISBN 978-3-662-60478-6   ISBN 978-3-662-60479-3   (eBook)
https://doi.org/10.1007/978-3-662-60479-3

Die Deutsche Nationalbibliothek verzeichnet diese Publikation in der Deutschen Nationalbibliografie; detaillierte bibliografische Daten sind im Internet über http://dnb.d-nb.de abrufbar.

Einbandabbildung: © zinkevych/stock.adobe.com
Planung/Lektorat: Kathrin Maurischat

Springer ist ein Imprint der eingetragenen Gesellschaft Springer-Verlag GmbH, DE und ist ein Teil von Springer Nature.
Die Anschrift der Gesellschaft ist: Heidelberger Platz 3, 14197 Berlin, Germany

Überblick: Kurzfassungen der einzelnen Beiträge

Jürgen Maaß und Iris Berger: Der Traum vom Fliegen: Ein projektorientierter Wettbewerb mit Papierfliegern für die Schule
Üblicherweise ist es ein Krisenzeichen, wenn im Mathematikunterricht Papierflieger gebaut werden. Die Aufmerksamkeit der Schülerinnen und Schüler ist dann offenbar nicht auf den Unterricht gerichtet. Ganz anders sieht es aus, wenn ein Wettbewerb daraus wird: Wer konstruiert den besten Papierflieger? Welcher fliegt am weitesten?

Mathematisch geht es dabei nicht um die physikalischen Anwendungen der Mathematik, die heutzutage in Form vieler Berechnungen zur optimalen Konstruktion von Flugzeugen verwendet werden, sondern um ein Forschen auf Sekundarstufe-I-Niveau: Verschiedene Konstruktionen werden gebaut und erprobt. Ein wenig Statistik wird gelernt und verwendet, um herauszufinden, welche Konstruktionsmerkmale und Bauweisen „gut" sind.

© Iris Berger

**Jürgen Maaß und Eva Aschauer: Wir vermessen eine Kirche.
Ein Projekt zur angewandten Geometrie**

Im Mittelpunkt des hier vorgeschlagenen Projektes für einen realitätsbezogenen Mathematikunterricht stehen Anwendungen der Geometrie (Längen, Flächen und Volumen messen und schätzen). Wir versetzen uns und die Lernenden um einige Jahrhunderte zurück in die Rolle eines Baumeisters, der eine Kirche (oder eine Burg) bauen soll. Dazu müssen Pläne gezeichnet und Baumaterialien bestellt bzw. herbeigeschafft werden. Wir wollen das Projekt mit jüngeren Schülerinnen und Schülern durchführen und konzentrieren uns deshalb auf den zweiten Teil, die Baumaterialien. Wie viele Ziegelsteine braucht man für eine Wand, einen Turm etc.?

Wie können Schülerinnen und Schüler wissen, wie dick eine Wand sein muss, um das Dach zu tragen, wenn sie keine statischen Berechnungen durchführen können und sollen? Sie können auf existierende Gebäude schauen. Wir nehmen uns dazu ein schon gebautes und gut erhaltenes Beispiel, eine Kirche oder eine Burg aus der Umgebung. Dann schätzen und berechnen wir, wie viele Bausteine in einer Wand tatsächlich verarbeitet wurden. Wenn wir es genauer wissen wollen, müssen wir genauer messen und berechnen (lernen).

© Eva Aschauer

Jürgen Maaß und Lukas Strobl: Politische Bildung im Mathematikunterricht: Wie werden aus Stimmen Sitze im Parlament?
Ein ganz wesentliches Merkmal einer Demokratie sind Wahlen: Wer einen Staat regiert, wird nicht durch Geburt wie in einer Monarchie entschieden oder durch Gewalt mit Militär und Geheimpolizei wie in einer Diktatur, sondern durch Wahlen. Wer wahlberechtigt ist, darf durch seine Stimme mitentscheiden, wer gewählt ist, um das Volk zu vertreten bzw. zu regieren. Die sogenannte Wahlmathematik hilft dabei auszurechnen, wie bei Wahlen abgegebene Stimmen in Sitze im gewählten Parlament umgerechnet werden. Welche Formeln dazu verwendet werden, ist in einem Wahlgesetz geregelt. Diese Formeln sind also nicht objektiv durch „die Mathematik" bestimmt, sondern nach politischen Interessen von den zuständigen Gesetzgebern ausgewählt worden. Es lohnt sich also, sie einmal genauer anzuschauen! Eine Wahl (zum Nationalrat des österreichischen Parlaments 2013), zwei verschiedene Formeln, zwei ganz unterschiedliche Ergebnisse.

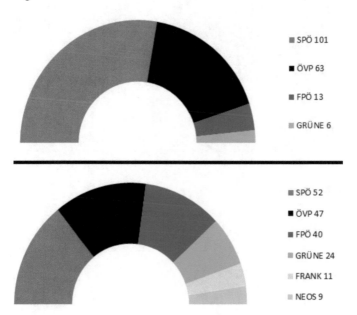

© Lukas Strobl

Jürgen Maaß: Mathematik, Physik und Sport: Projekte rund ums Spielen mit einem Ball

Eine Videoanalyse von Bewegungsabläufen gehört heute ganz selbstverständlich zum Profitraining im Sport. Offenbar trägt es zur Leistungssteigerung bei, ganz genau (mit Zeitlupe und Vergrößerung) hinzuschauen, ob ein Aufschlag beim Tennis, ein Abstoß beim Fußball, eine Angabe beim Volleyball oder Tischtennis optimal abläuft. Wie kann die Motivation, die davon ausgeht, auch für den Mathematikunterricht genutzt werden? Durch Projekte, wie sie im Folgenden skizziert werden: Exemplarisch wird eine wichtige Aktivität, wie etwa der Abstoß beim Fußball, ausgewählt, genau analysiert und systematisch verbessert. Mathematik und Physik erweisen sich als sehr hilfreich, um genau zu verstehen, was passiert!

So beeinflusst z. B. der Luftwiderstand den Flug eines Tennisballs.

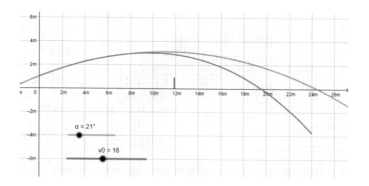

© Frau Gestmayr

Jürgen Maaß und Ronald Hohl: Die Taschensonnenuhr
Ziel des hier vorgeschlagenen Projektes ist die Konstruktion einer Taschensonnenuhr für alle Schülerinnen und Schüler einer Schulklasse. Im Zuge des Projektes wird erkundet, welche Informationen benötigt werden, um selbst eine Uhr zu bauen, die möglichst genau die Zeit anzeigt. Zudem werden eigene Messungen durchgeführt und ausgewertet, um die Informationen praktisch zu nutzen. Historisches Vorbild ist eine aufklappbare Sonnenuhr, die vom österreichischen Astronomen Georg von Peuerbach im Jahre 1451 erfunden wurde. Diese Uhr und vergleichbare Modelle wurden fast 400 Jahre lang von wohlhabenden Leuten benutzt, bevor mechanische Modelle (die auch bei Nacht oder Regen ablesbar waren) sie verdrängten.

© Museum Steiermark

Jürgen Maaß und Manuela Spiegl: Eine Sonde flog zum Pluto: „New Horizons" flog auch für den Mathematikunterricht!

Am 14. Juli des Jahres 2015 erreichte die Sonde „New Horizons" den kleinsten Abstand zum Pluto und sendete hervorragende Aufnahmen und viele andere Daten zur Erde (https://de.wikipedia.org/wiki/Pluto#/media/File:New_Horizons_1.jpg). Was hat dieser großartige Erfolg mit Mathematikunterricht zu tun? Im ersten Teil des Beitrages gehen wir der Frage nach, welch großen Anteil Mathematik an diesem Erfolg hat und wie sich der berechtigte Stolz auf diese Leistung positiv für den Mathematikunterricht nutzen lässt. Im zweiten Teil zeigen wir, wie überraschend gut wir mit mathematischen Mitteln der Sekundarstufe I die Flugbahn modellieren können.

Gemeinfreie Abbildung von https://de.wikipedia.org/wiki/Pluto#/media/File:-New_Horizons_1.jpg

Jürgen Maaß: Motorrad fahren als Thema für realitätsbezogenen Mathematikunterricht

Jedes Jahr suchen viele Menschen in Österreich eine „echte" Herausforderung auf steilen und kurvenreichen Bergstraßen (https://pixabay.com/de/images/search/motorradfahrer/). Sie fahren deshalb mit ihren mehr oder weniger großen, schweren und kostbaren Motorrädern über Pässe und andere Bergstraßen. Jährlich gibt es in Österreich etwa 3000 verletzte und knapp 100 tote Motorradfahrer und Motorradfahrerinnen. Zum Vergleich: Es gibt knapp 26.000 Verletzte und knapp 200 Tote bei Pkw-Unfällen. Zwei Arten von Zielen für den vorgeschlagenen Unterrichtsverlauf stehen auf dem Programm: Verkehrserziehung und Wissen über Mathematik, genauer über die Möglichkeiten, mithilfe von mathematischer Modellierung einen Aspekt der Realität besser zu verstehen.

Freiverfügbare Abbildung von https://pixabay.com/de/images/search/motorradfahrer/

Jürgen Maaß und Romana Fellner: Der *Strahlende September* erhellt den Unterricht in Kunst und Mathematik
Mit dem Bild *Strahlender September* wird ein kreativer Zugang zu verschiedenen mathematischen Themen geliefert. Die erarbeiteten mathematischen Erkenntnisse werden weiterführend für die Interpretation der Wirkung des Bildes herangezogen, die durch verschiedene Gestaltungsprinzipien vom Künstler geschaffen wurde. Die Mathematik liefert so eine vereinfachte Herangehensweise zur Interpretation der Wahrnehmung eines künstlerischen Bildes. Die erarbeitete Verbindung zwischen der Mathematik und der Kunst wird im Folgenden, kreativen Teil des Projekts durch verschiedene Experimente mit dem Modellbild verdeutlicht. Insbesondere wird probiert, welche kleinen oder großen Veränderungen in Form und Farbe zu anderen optischen Eindrücken führen.

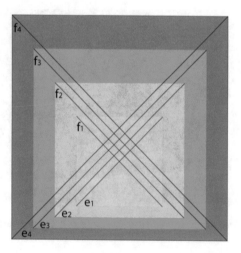

© Frau Fellner

Inhaltsverzeichnis

Autorenverzeichnis

Magistra Eva Aschauer
Höhere Technische Bundeslehranstalt in Perg.

Magistra Iris Berger
Akademisches Gymnasium in Linz.

Magistra Romana Fellner
Gymnasium in Braunau.

Magister Ronald Hohl
Höhere Technische Lehranstalt
Goethestraße in Linz.

Magistra Manuela Spiegl (jetzt: Aichinger)
Höhere technische Lehranstalt für Informatik, Fachschule für Informationstechnik in Perg.

Magister Lukas Strobl
Bundesrealgymnasium in Traun.

Dr. Jürgen Maaß Außerordentlicher Universitätsprofessor für Didaktik der Mathematik, Universitätsdozent für Didaktik der Mathematik, Universitätsdozent für Didaktik der Weiterbildung https://www.jku.at/linz-school-of-education/ueber-uns/team/mint/maass-juergen/, E-Mail: juergen.maasz@jku.at.

Einleitung

Jürgen Maaß

Erinnern Sie sich noch an den Mathematikunterricht, den Sie in Ihrer Schulzeit erlebt haben? Erzählen Sie immer wieder einmal mit echter Begeisterung Ihren Nachbarn, Freunden und Verwandten, wie gern Sie sich an all die wunderbaren Mathematikstunden erinnern? Kennen Sie auch andere Leute, die sich so gern an den Mathematikunterricht erinnern?

Ich kenne einerseits nur ganz wenige von solchen Mathematik-begeisterten, aber andererseits leider ganz viele Menschen, die hauptsächlich schlechte Erinnerungen an ihren Mathematikunterricht haben und deshalb meist auch nur ungern darüber reden. Was war am Unterricht so schlimm, dass nicht wenige Erwachsene berichten, in ihren Alpträumen stehen sie an einer Tafel und können eine Mathematikaufgabe nicht lösen? Nur selten sind es Lehrer wie jener Prof. Kupfer vom berühmten *Schüler Gerber* (Torberg 1930), die als Person durch ihr Fehlverhalten übel nachwirken. Meist sind es eher der Stoffumfang und die ungeklärten Sinnfragen (sehr viel zu lernen, keine hinreichende Antwort auf die Frage nach dem Sinn). Interessanterweise sehen und beklagen auch viele Lehrerinnen und Lehrer dieses Missverhältnis. Sie sehen sich durch den Lehrplan, durch Kompetenzkataloge,

J. Maaß (✉)
School of Education, Institut für Didaktik der Mathematik,
Johannes Kepler Universität Linz, Linz, Österreich
E-Mail: juergen.maasz@jku.at

© Springer-Verlag GmbH Deutschland, ein Teil von Springer Nature 2019
J. Maaß (Hrsg.), *Attraktiver Mathematikunterricht,*
https://doi.org/10.1007/978-3-662-60479-3_1

internationale und nationale Tests (PISA, Standards, zentrale schriftliche Reifeprüfungen, …) einem so starken Stoffdruck ausgesetzt, dass keine Zeit für „guten", motivierenden, Verständnis fördernden Mathematikunterricht bleibt. *Mir ist es ganz wichtig, diese Gemeinsamkeit zu betonen: Es geht in diesem Buch keinesfalls darum, Eltern und Lehrende gegeneinander zu mobilisieren. Aber vielleicht können sie gemeinsam dort Druck ausüben, wo die Verantwortung liegt?*

Liegt damit der schwarze Peter endlich da, wo er hingehört, nämlich bei „der Regierung" oder „den Politikern"? Schließlich entscheiden sie über Lehrpläne, Kompetenzkataloge und die Teilnahme an internationalen Vergleichstests! Wie oft haben wir beim Amtsantritt einer neuen Regierung gehört, dass der Lehrplan entrümpelt und der Mathematikunterricht modernisiert werden soll? Wie oft gleichen aber dann der neue Lehrplan und vor allem seine Umsetzung in den Schulen dem alten etwa so wie ein Ei dem anderen? Sowohl die negativen Eindrücke der (ehemaligen) Schülerinnen und Schüler als auch jene der Lehrkräfte verbessern sich in all den Jahren und nach all den Reformen nicht spürbar. Übrigens ist das nicht nur mein subjektiver Eindruck; in der wissenschaftlichen Vereinigung all jener, die sich mit dem Thema „Erwachsene und Mathematik" beschäftigen (ALM = Adults Learning Mathematics, www.alm-online.net), gibt es viele Forschungsberichte aus vielen Ländern zum Thema (vgl. als kurze Zusammenfassung dazu Maaß 1994).

Vielleicht könnten wir all die schlechten Eindrücke vom Mathematikunterricht noch eher hinnehmen, wenn der Lernerfolg groß und nachhaltig wäre. Aber alle Forschungen und Erfahrungen über Mathematikkenntnisse von Erwachsenen deuten in eine andere Richtung: Von all dem unterrichteten Stoff bleibt nur sehr wenig nach der Schule bzw. nach dem jeweiligen Unterricht im Gedächtnis und aktiv verfügbar. Wenn Erwachsene ein Teilgebiet der Mathematik gut beherrschen, dann brauchen sie es beruflich. Wer als Tischlerin oder Tischler Möbel herstellt, kann meist auch die dazu notwendige Geometrie

(z. B. das Volumen des benötigten Holzes bestimmen). Wer eine Rentenzusatzversicherung für eine Firma berechnet, kennt und verwendet die passenden Formeln aus der Versicherungsmathematik. Wer in der Bank arbeitet und Kredite vergibt, kann Zinsen berechnen – oder nur das entsprechende Softwarepaket verwenden. Eine kleine private Recherche in einer Bank hat ergeben, dass eigentlich nur der Chef der Lehrlingsausbildung ganz genau weiß, wie die Banksoftware Zinsen ausrechnet. In den ganz seltenen Fällen, in denen sich ein Kunde hartnäckig beschwert, weil seine Zinsen falsch ausgerechnet wurden, wird er von diesem Fachmann zum Gespräch eingeladen.

Übrigens lade ich Sie ein, sich selbst zu fragen: Können Sie noch alles, was Sie im Unterricht gelernt haben? Oder wenigstens etwas? Ein einfacher Test ist der Versuch, Ihren Kindern bei den Mathematikschulaufgaben zu helfen und ihnen dabei zu erklären, weshalb diese Mathematik so funktioniert. Sie können auch Ihre alten Schulbücher nehmen und versuchen, die Aufgaben darin zu lösen. Oder (noch besser) die unterrichtete Mathematik nutzen, um ihre Stromrechnung, den für Sie optimalen Handytarif, den Bedarf an Farbe beim Anstreichen, die benötigte Menge an Stoff für eine Gardine oder ein Kleid, die Zutaten für ein Essen beim Familientreffen, an dem 17 Personen und nicht vier, wie im Kochbuch angegeben, teilnehmen oder eine gute Finanzierung nachzurechnen.

Ich möchte Sie und Ihre Kinder einladen, das Buch aktiv zu lesen und selbst – wenn möglich gemeinsam – etwas realitätsnahe Mathematik zu lernen. In solchen Boxen wie dieser hier finden Sie Vorschläge und Lösungshinweise. Hier ein erstes Beispiel: Schreiben Sie bitte auf, was Ihnen einfällt, wenn Sie sich an Ihren Mathematikunterricht erinnern. Wenn Sie möchten, schicken Sie mir bitte den Text: juergen.maasz@jku.at. Vielen Dank!

Was kann in dieser Situation ein Buch bewirken?

Mithilfe einer guten Fee, die uns einen Wunsch erfüllt, könnten wir ab morgen einen Mathematikunterricht haben, an den sich alle gern erinnern und in dem alle Menschen mit nachhaltigem Erfolg das erlernen, was sie in Beruf und Alltag brauchen. Falls sie darüber hinaus etwas wissen wollen, was sie in der Schule nicht gelernt haben, sind sie durch diesen wunderbaren Mathematikunterricht motiviert und in der Lage, sich das Fehlende selbst anzueignen oder eine passende Fortbildung zu besuchen.

Die hier ganz kurz zusammengefassten allgemeinen Lehrziele für den Mathematikunterricht, wie sie in ähnlichen Formulierungen in allen uns bekannten Lehrplänen zu finden sind, klingen so einfach und selbstverständlich, dass ich mich immer wieder wundere, weshalb eine gute Fee gebraucht wird, um sie zu erreichen. Was machen wir falsch? Was können wir besser machen?

Zu beiden Fragen gibt es inzwischen sehr viele Antworten aus der Mathematikdidaktik, vonseiten der Lehrerinnen und Lehrer, der Schülerinnen und Schüler, der Eltern, der Bildungspolitik, der Wirtschaft (die über mangelhaft qualifizierte Bewerberinnen und Bewerber für offene Stellen klagt und den Wirtschaftsstandort in Gefahr sieht, wenn der Mathematikunterricht nicht besser wird) und nicht zuletzt von ganz vielen Bildungsexpertinnen und Bildungsexperten (wir haben im Land mindestens so viele selbst ernannte Bildungsexperten wie Fußballtrainer). Ich kann und will das hier nicht alles wiedergeben, sortieren und zusammenfassen.

Dieses Buch soll einen neuen Beitrag zur Debatte leisten, indem an einigen Beispielen für Nichtexpertinnen und -experten nachvollziehbar aufgezeigt wird, wie motivierender Mathematikunterricht stattfinden kann, der zu nachhaltigen Lernerfolgen und einer positiven Einstellung zur Mathematik führt.

Dieses Buch konzentriert sich auf inhaltliche und methodische Aspekte des Mathematikunterrichts. Inhaltlich soll an einigen

Beispielen gezeigt werden, wie realitätsnahe Beispiele im Unterricht die zentrale Sinnfrage „Wozu sollen wir Mathematik lernen?" überzeugend beantworten. Zudem finden sich viele Hinweise zu Unterrichtsmethoden, die mehr als der übliche Frontalunterricht zur Erreichung der allgemeinen Ziele wie „Selbstständigkeit"[1] beitragen. Durch Zuhören und Mitschreiben wird niemand selbstständig. Zudem motiviert eigenständiges Arbeiten an einer interessanten Fragestellung viel mehr, als dabei zuzusehen, wie eine Lehrkraft die offenen Fragen an der Tafel beantwortet.

Die alte Weisheit „Man lernt, was man tut!" ist in der Pädagogik längst vielfach überprüft und bestätigt worden. Zudem ist längst klar, dass ein geeigneter Mix aus Unterrichtsmethoden wesentlich besser ist, als nur eine Methode einzusetzen. Trotzdem hält sich im Mathematikunterricht sehr hartnäckig die Dominanz des Frontalunterrichts, gemischt mit einer ebenfalls lehrerzentrierten, fragend- entwickelnden Methode, bei der der Vortrag durch Zwischenfragen ergänzt wird. Weshalb? Mir scheint, hier wirkt das typische Vorbild sowohl aus dem selbst als Schülerin oder Schüler erlebten Unterricht als auch das der universitären Mathematiklehrveranstaltungen. An der Universität wird bekanntlich nicht nur in Vorlesungen Mathematik vorgetragen. Auch in Übungen und Seminaren steht meist eine Person an der Tafel und trägt Mathematik vor. In der typischen Lernerfahrung der meisten Mathematiklehrerinnen und Mathematiklehrer kommen andere Unterrichtsmethoden nur sehr selten vor. Deshalb wird mir von Studierenden in der Lehrerausbildung und von Lehrenden in der Lehrerfortbildung sehr oft entgegengehalten, dass für das Lernen und Lehren von Mathematik nur eine, nämlich die traditionelle, auf die Lehrkraft zentrierte Methode infrage kommt. Das ist definitiv falsch. Weil aber diese Ansicht so sehr verbreitet und so tief verankert ist, habe ich in dieses Buch ganz bewusst eine Vielzahl von Hinweisen zur Methodik aufgenommen. Sie können und sollen einerseits von Lehrerinnen und Lehrern genutzt werden, die einmal anders und besser unterrichten wollen. Außerdem bekommen damit Sie, liebe Leserinnen und Leser, die mit Lehrkräften über den Mathematikunterricht diskutieren wollen, gute Argumente geliefert.

Selbstverständlich können auch Expertinnen und Experten die vorgeschlagenen Unterrichtseinheiten in ihrem Unterricht ausprobieren (und mir, wenn möglich, ihre Erfahrungen damit mitteilen), aber das Neue und Ungewohnte an diesem Buch ist, dass es sich insbesondere an Eltern, Journalistinnen und Journalisten, Bildungspolitikerinnen und Bildungspolitiker, an Nichtmathematikerinnen und Nichtmathematiker wendet und – hoffentlich gut verstehbar – aufzeigt, wie „guter" Mathematikunterricht aussehen kann.

An dieser Stelle tauchen in der Diskussion über solche oder ähnliche Projekte immer wieder einige Fragen oder Einwände auf, die ich an dieser Stelle kurz (ausführlicher in Maaß 2015) wiedergebe und beantworte.

1. Ist denn solch ein Unterricht überhaupt erlaubt?
Ja, er ist sogar vorgeschrieben. In allen mir bekannten Lehrplänen im deutschen Sprachraum wird sogar gefordert, Bezüge zur Lebenswelt und Berufswelt herzustellen, Allgemeinbildung zu leisten, offene Unterrichtsformen wie Projektunterricht auch im Mathematikunterricht durchzuführen, fächerübergreifend zu unterrichten etc. Sowohl in den allgemeinen Unterrichtszielen als auch in den Vorgaben für die einzelnen Stoffgebiete finden sich viele Anknüpfungspunkte.

2. Lernen die Kinder denn genug, wenn sie *nur* solche Projekte machen?
Vermutlich nicht (sagen z. B. Erfahrungen aus den Niederlanden). Ich schlage auch gar nicht vor, „nur" solche Unterrichtseinheiten durchzuführen, sondern „auch". Nach den langjährigen Erfahrungen von Lehrerinnen und Lehrern aus der Mathematik-Unterrichts-Einheiten-Datei MUED (https://www.mued.de) mit der Entwicklung und Erprobung realitätsbezogener Unterrichtsprojekte gibt es schon einen deutlich spürbaren Motivations- und Lernzuwachs, wenn einmal im Halbjahr ein größeres Projekt durchgeführt wird. Einige meiner Studierenden haben sogar gesagt, dass schon ein einziges Projekt dieser Art viel dazu beigetragen hat, das Studienfach Mathematik zu wählen. Ich schlage übrigens auch vor, dass andere im üblichen Unterricht oft vernachlässigte Aspekte

der Mathematik, wie etwa Geschichte oder philosophische Grundlagen, Logik und Argumentieren, wieder stärker in den Unterricht einbezogen werden. Gerade das zentrale Ziel „Allgemeinbildung" lässt sich nur erreichen, wenn in der Schule mehr Wissen über Mathematik vermittelt wird (und nicht nur die kurzlebige Fähigkeit, bestimmte Tests zu bestehen).

3. Der Stoffdruck ist so groß, dass für solche Projekte einfach keine Zeit zur Verfügung steht
Nein! Der Stoffdruck hat zwei Hauptursachen: einmal die vom jeweiligen Ministerium beschlossenen Vorgaben in Form von Stoffkatalogen in Lehrplänen oder Kompetenzkatalogen und zum anderen die Art, wie Lehrerinnen und Lehrer diese Vorgaben in ihrem Unterricht umsetzen. Selbst wenn die Bildungspolitik weiterhin erfolglos versucht, die Kataloge zu entrümpeln, haben Mathematiklehrerinnen und Mathematiklehrer wie bisher genügend Interpretationsspielraum bei der Umsetzung. Wenn ernsthaft in Betracht gezogen wird, wie wenig nachhaltig das Einüben aller oder zumindest sehr vieler Varianten von Aufgaben zu einem Stoffgebiet derzeit üblicherweise ist, können ohne nachhaltig negative Folgen für das Lernergebnis einige oder sogar viele Varianten eines Lösungsalgorithmus oder Facetten eines Stoffgebietes weniger gründlich geübt werden. Dann ist Zeit genug für besseren Mathematikunterricht mit insgesamt deutlich größerem Lernerfolg.

4. Gibt es schon Erfahrungen mit solchem Unterricht? Gibt es genügend viel Material, das Lehrerinnen und Lehrer verwenden können? Gibt es eine entsprechende Fortbildung?
Ja! Seit vielen Jahren gibt es sowohl im deutschsprachigen Raum als auch international (hier sei exemplarisch auf das Freudenthal-Institut, https://www.uu.nl/en/research/freudenthal-institute, hingewiesen) sowohl viele ausgearbeitete, veröffentlichte und erprobte Unterrichtsmaterialien als auch Mathematiklehrerinnen und -lehrer, die diese Materialien einsetzen. Ich erwähne hier nur die MUED (https://www.mued.de) als Verein solcher Lehrender und ISTRON (http://www.istron.mathematik.uni-wuerzburg.de/) als Gruppe von Mathematikdidaktikerinnen und

Mathematikdidaktikern, die solchen Unterricht wissenschaftlich fundieren und unterstützen. Nicht nur im Rahmen der jährlichen ISTRON-Tagungen finden entsprechende Fortbildungen statt.

Was kann getan werden?

Ich lade Sie ein, mit mir gemeinsam darüber nachzudenken Auf der einen Seite erleben viele Menschen nach wie vor einen Mathematikunterricht, der eher abschreckt. Auf der anderen Seite gibt es jahrzehntelange, aber nur im Detail erfolgreiche Bemühungen, den Unterricht zu verbessern. Obwohl es ohne Zweifel wertvoll und hilfreich ist, weiterhin gute Unterrichtsvorschläge für realitätsbezogenen Mathematikunterricht zu entwickeln und zu erproben, Risiken und Chancen eines solchen Unterrichts wissenschaftlich zu erforschen und Mathematiklehrerinnen und -lehrer dafür zu begeistern, reicht das alles offenbar nicht, um in der Breite den Unterricht im skizzierten Sinne zu verbessern. Was fehlt? Was kann und soll getan werden?

Hier eröffnet sich die Möglichkeit, über die Reformierbarkeit von Bildungseinrichtungen im Allgemeinen und die des Mathematikunterrichts im Besonderen etwa aus politischer, soziologischer oder historischer Sicht nachzudenken. Ich widerstehe dieser Versuchung und komme auf die Frage zurück: Was kann hier ein Buch bewirken? Ich hoffe, dass dieses Buch Sie dazu motiviert, eine gute Antwort auf die Frage nach den Handlungsmöglichkeiten zu finden und Ihren Beitrag zur Veränderung zu leisten.

Reden Sie bitte mit Freunden, Nachbarn und Bekannten über Ihre Erfahrungen mit Mathematikunterricht. Diskutieren Sie über die Frage „Was ist guter Mathematikunterricht?" bevor und nachdem Sie dieses Buch gelesen haben. Welche Argumente verwenden und hören Sie?

Zur Entstehung dieses Buches

An dieser Stelle möchte ich all jenen danken, die an der Entstehung dieses Buches beteiligt waren. Das sind zunächst die ehemaligen Studierenden und jetzigen Lehrkräfte, die eine von mir betreute Diplomarbeit zu einem Thema aus dem Bereich des realitätsbezogenen Mathematikunterrichts geschrieben haben und bereit waren, die Inhalte dieser Arbeit für dieses Buch zur Verfügung zu stellen. Die meisten Beiträge sind so entstanden, dass ich meiner Intention für dieses Buch folgend Informationen, Daten und Modellierungen aus den Arbeiten genommen und in Beiträgen formuliert habe. Die Autorinnen und Autoren haben freundlicherweise Korrekturvorschläge zurückgemeldet und ihr Einverständnis zur Veröffentlichung in dieser Form gegeben. In diesen Fällen habe ich sie als Co-Autorinnen bzw. Co-Autoren angeführt.

In allen Fällen haben Mag.[a] Dr.[in] Irene Grafenhofer, Mag. Dr. Helmut Hofbauer und Mag. David Stadler Korrektur gelesen und viele konstruktive Vorschläge zur Verbesserung der Texte zurückgemeldet. Ich danke auch den Mitarbeiterinnen des SPRINGER-Verlages für viele hilfreiche Rückmeldungen.

Nicht zuletzt möchte ich all meinen Kolleginnen und Kollegen aus der Mathematikdidaktik und allen Lehrerinnen und Lehrern danken. Selbstverständlich wäre ein solches Buch nicht möglich, ohne die Veröffentlichungen zur Fachdidaktik Mathematik zu lesen, die Forschungsberichte, stoffdidaktischen Überlegungen und Erfahrungen von vielen Unterrichtsversuchen. Da der wesentliche Zweck dieses Buches darin besteht, solches Wissen einem breiteren Publikum näherzubringen, habe ich nicht wie in wissenschaftlichen Publikationen üblich alles in langen Literaturlisten aufgeführt, was mir dazu geholfen hat, dieses Buch zu schreiben. Wer weiterführende oder vertiefende Literatur sucht, findet diese in den Literaturverweisen der wissenschaftlichen Veröffentlichungen und zu den einzelnen Unterrichtsbeispielen natürlich in den Diplomarbeiten, die Basis dieses Textes waren.

Anmerkungen

1. Hier ist nicht der Raum für eine philosophisch-pädagogische Erörterung der allgemeinen Lehrziele wie „Selbstständigkeit", „Mündigkeit", „Kritikfähigkeit" etc. Aber auch so ist klar, dass am Ende der Schulzeit Menschen die Schule verlassen sollen, die ohne Unterstützung der Lehrerinnen und Lehrer Probleme erkennen und lösen können.

Literatur

Maaß J (1994) Was bleibt? Erfolge und Misserfolge des Mathematikunterrichts aus der Sicht von Erwachsenen. In: Österreichische Mathematische Gesellschaft (Hrsg) Vorträge der ÖMG – Lehrerfortbildungstagung 1994 in Wien. Österreichische Mathematische Gesellschaft, Wien

Maaß J (2015) Modellieren in der Schule. Ein Lernbuch zu Theorie und Praxis des realitätsbezogenen Mathematikunterrichts. WTM, Münster

Torberg F (1973) Der Schüler Gerber. dtv, München, S 884 (Originaltitel: Der Schüler Gerber hat absolviert. Zsolnay, Wien, 1930)

Papierflieger im Mathematikunterricht? Vom Krisensymptom zum Projektthema

Jürgen Maaß und Iris Berger

Üblicherweise ist es ein Krisenzeichen, wenn im Mathematikunterricht Papierflieger gebaut werden. Die Aufmerksamkeit der Schülerinnen und Schüler ist dann offenbar nicht auf den Unterricht gerichtet. Ganz anders sieht es aus, wenn ein Wettbewerb daraus wird: Wer konstruiert den besten Papierflieger? Welcher fliegt am weitesten?

Mathematisch geht es dabei *nicht* um die physikalischen Anwendungen der Mathematik, die heutzutage in Form vieler Berechnungen zur optimalen Konstruktion von Flugzeugen verwendet werden, sondern um ein Forschen auf Sekundarstufe-I-Niveau: Verschiedene Konstruktionen werden gebaut und erprobt. Ein wenig Statistik wird gelernt und verwendet, um herauszufinden, welche Konstruktionsmerkmale und Bauweisen „gut" sind.

In der Diplomarbeit von Iris Berger (2016) findet sich auch einiges Wissen zur Physik und zum Bau von Flugzeugen, das für fächerübergreifenden Unterricht verwendet werden kann, aber

J. Maaß (✉)
School of Education, Institut für Didaktik der Mathematik,
Johannes Kepler Universität Linz, Linz, Österreich
E-Mail: juergen.maasz@jku.at

I. Berger (✉)
Akademisches Gymnasium, Linz, Österreich
E-Mail: i.berger@akadgymlinz.at

© Springer-Verlag GmbH Deutschland, ein Teil von Springer
Nature 2019
J. Maaß (Hrsg.), *Attraktiver Mathematikunterricht,*
https://doi.org/10.1007/978-3-662-60479-3_2

nicht unbedingt genutzt werden muss. Das zentrale Lernziel für
den hier vorgeschlagenen Mathematikunterricht ist das Erlernen
der Methode des Forschens mit einfacher Statistik: Daten
gezielt sammeln, auswerten und nutzen, um „besser" zu werden.
Gleichzeitig bietet das Projekt Chancen zum entdeckenden
Lernen elementarer Statistikelemente.

Die Erfahrung lehrt zudem, dass durch den Rahmen „Wettbewerb" die Motivation der Lernenden deutlich erhöht wird. Durch
die Wettbewerbsbedingungen wird zudem schnell deutlich, was hier
mit „besser" gemeint ist.

Projektstart

Dieses Projekt benötigt nur minimale Vorbereitungen. Es kann
daher anlassbezogen (z. B., wenn tatsächlich im Unterricht
ein Papierflieger gestartet wird) oder geplant (wenn einfache
Statistik auf dem Plan[1] steht) begonnen werden. Auf jeden Fall
soll ein Projekt von möglichst allen Lernenden und der Lehrkraft gemeinsam beschlossen werden. Solch ein gemeinsamer
Beschluss über den Unterrichtsinhalt und das Unterrichtsziel
für die nächsten Stunden ist im Mathematikunterricht völlig
ungewohnt.[2] In der Regel bestimmt der Lehrplan, vermittelt über
das Schulbuch nach der jeweiligen Interpretation durch die Lehrkraft, ohne Diskussion, was und wie unterrichtet wird. Mit dem
gemeinsamen Beschluss wird also ein deutliches Zeichen gesetzt
(jetzt passiert etwas ganz Besonderes!) und eine höhere Verbindlichkeit der Mitarbeit erreicht.

Nach dem Beschluss über das Ziel „Wettbewerb Papierflieger" stellt sich Frage, was nun konkret zu tun ist. Auch hier
erwarten die Lernenden wie üblich Aufträge von der Lehrkraft zu
erhalten. Stattdessen wird nun das allgemeine Lehrziel „Selbstständigkeit" ernst genommen: Die Schülerinnen und Schüler
sollen selbst planen und entscheiden, was auf welche Weise
zu tun ist. Niemand erwartet, dass sie das beim ersten Versuch
gleich perfekt können – aber wie sollen sie es jemals halbwegs
gut oder gar perfekt können, wenn sie nicht beizeiten anfangen,
es zu erlernen? Wegen der großen Bedeutung des allgemeinen

Lehrziels muss die Lehrkraft – vielleicht durchaus gegen ihren Willen und mit dem nervösen Blick auf die Uhr – den Lernenden Zeit geben, sich selbst zu organisieren und dabei auch Umwege zu gehen. Selbstverständlich könnte alles effizienter und schneller gehen, wenn die Lehrkraft wie üblich alles plant und organisiert – damit die Lernenden nur mithelfen oder Teilaufgaben lösen müssen. Aber ohne die Zeit und die Möglichkeit, das Planen und Organisieren selbst zu lernen, werden die Lernenden nur durch Aktivitäten außerhalb des Unterrichts lernen, etwas selbstständig zu tun. Wenn wir uns in der Welt der Erwachsenen umschauen, erkennen wir viele Menschen, die durchaus in der Lage sind, etwas selbstständig zu tun, aber auch viele, die sich vertrauensvoll auf Beratung oder Hilfe verlassen müssen. Insbesondere fällt bei genauerem Hinschauen auf, dass solche Überlegungen im Alltags- und Berufsleben, die auf einer sinnvollen Anwendung von Mathematik beruhen, nur von wenigen Menschen erfolgreich durchgeführt werden. Glauben Sie das nicht? Dann fragen Sie bitte im Kreis von Bekannten und Verwandten, wer eine Finanzierung für ein Auto oder eine Immobilie selbst durchgerechnet hat, wer Geometrie nutzt, um Bau- oder Renovierungsarbeiten selbst zu planen, wer Tarifangebote für Strom, Kommunikation etc. mithilfe von Mathematik vergleicht etc.

Also: Wer das Lehrziel „Selbstständigkeit" erreichen will, muss dem Weg dorthin im Unterricht hinreichend Zeit und Aufmerksamkeit schenken. Sonst werden weiterhin viele Menschen auf die Möglichkeiten einer sinnvollen Anwendung mathematischen Wissens auf ihre eigenen Probleme in Beruf und Alltag verzichten müssen.

Erste Projektschritte

Wir können und wollen einer Schulklasse nicht vorschreiben, welche Aspekte eines Planes sie in welcher Reihenfolge und mit welchen Ergebnissen bearbeiten soll Aber wir können aus unserer Sicht vermuten, dass die folgenden Aspekte zu behandeln sind.

Wettbewerbsregeln

Aus unserer Sicht kann gar nicht genügend nachdrücklich betont werden, wie wichtig faire Regeln für einen Wettbewerb sind, an den auch diejenigen gern zurückdenken, die nicht gewonnen haben. Wer meint, wegen unfairer Regeln benachteiligt zu sein, verliert schnell die Motivation.

Wenn die Schülerinnen und Schüler selbst Regeln für den Wettbewerb aufstellen und beschließen, ist offensichtlich die Verbindlichkeit wesentlich größer, als wenn die Lehrkraft Regeln vorschreibt. Vielleicht kommen die Lernenden auch auf die Idee, nach passenden Regeln (z. B. im Internet, etwa hier: https://paperwings.redbull.com/global-en/terms-and-conditions) zu suchen.

Es ist dann abzuwägen, wie kompliziert die Regeln für den eigenen Wettbewerb sein müssen. Vielleicht kommen die Lernenden auch im Laufe des Wettbewerbs darauf, zusätzliche Regeln aufstellen zu müssen. Nehmen wir ein fiktives Beispiel. Ein Team kommt auf die Idee, das Papier ganz fest zu einer Kugel zusammenzudrücken und zu werfen. Vielleicht rückt es bei den Proben damit sogar auf einen der vorderen Plätze. Was nun? In der ersten Version der eigenen Regeln stand sicher nicht, dass der Papierflieger wie ein Flieger aussehen muss. Also kann eine entsprechende Regelergänzung nachträglich beschlossen werden.

Eventuell kommt eine andere Gruppe auf die Idee, dass ein zusätzliches Gewicht am Bug (z. B. eine Büroklammer) den Flug stabilisiert und damit größere Flugweiten ermöglicht. Ist das erlaubt? Wenn niemand vorher daran gedacht hat, eine entsprechende Regel aufzustellen, muss über eine entsprechende Zusatzregel entschieden werden.

Zusammengefasst: Die naheliegende Regel „Ein Papierflieger soll aus einem A4- Blatt gefaltet werden" wird möglicherweise noch genauer gefasst werden müssen – wenn es nötig ist.

Ein zweiter Aspekt der Regeln ist die Turnierorganisation. Sollen einfach alle Teams der Reihe nach einen oder drei oder mehr Versuche (der beste Versuch zählt) haben? Oder treten wie beim Fußball alle Teams gegeneinander an, bis eines nach allen Runden die beste Punktzahl hat? Oder geht es wie beim Tennis zu? Vermutlich reicht es für dieses Projekt, sich einfach für eine Variante zu entscheiden. Wer möchte, kann aber auch in die Mathematik hinter einer Turnierorganisation einsteigen, indem Punkte und Setzlisten bei ATP-Tennisturnieren oder Elo-Punkte beim Schach thematisiert werden.

Übersicht
Die passende Organisation für einen kleinen Wettbewerb bei einem Kindergeburtstag oder einer Party kann sehr hilfreich sein. Deshalb bitten wir Sie, einmal Vor- und Nachteile verschiedener Turnierorganisationen gegeneinander abzuwägen. Vergleichen Sie bitte z. B. die Organisationsformen „Fußballmeisterschaft" und „Tennisturnier". Notieren Sie Vor- und Nachteile.

Lösungshilfe: Uns ist dazu eingefallen:
Fußballmeisterschaft

Vorteil	Sehr gerecht, kein Losglück, alle Teilnehmerinnen und Teilnehmer bzw. Teams sind in jeder Runde beteiligt
Nachteil	Dauert lange

Tennisturnier

Vorteil	Es geht schnell, nur die Gewinner kommen in die nächste Runde
Nachteil	Losglück, ab der zweiten Runde gibt es Zuschauer: Was sollen die machen?

Wettbewerbsvorbereitung

Aus unserer Sicht gehören zur Vorbereitung des Wettbewerbs zwei Hauptpunkte. Einerseits muss eine gute Konstruktion für den Papierflieger gefunden werden. Andererseits muss die Wurftechnik trainiert werden. Beides sind so naheliegende Ideen, dass wir darauf vertrauen können, dass die Schülerinnen und Schüler selbst darauf kommen.

Wir vermuten aber, die Lernenden werden nicht von allein auf die Idee kommen, dass ihnen etwas Mathematik den Weg zum Sieg (oder zumindest zu einem besseren Platz) im Wettbewerb ebnen kann. Der Hinweis „Nutzt Statistik!" wird also von der Lehrkraft kommen müssen.

Je nach Projekterfahrung (oder Fortschritt der Lernenden auf dem Weg zur Selbstständigkeit) reicht der allgemeine Hinweis oder es muss etwas konkreter und detailreicher aufgefordert werden, etwa in Form einer Arbeitsanweisung für die Forscherdetektive *on tour:*

„Faltet im Team mehrere Papierflieger eurer Wahl und messt die mittleren Flugweiten bei mehreren Versuchen! Überlegt euch, wie oft der Flieger abstürzt, welche Weiten er im Mittel erzielt und wie genau die Einzelmessungen sein können! Dokumentiert all eure Protokolle, Erkenntnisse, Überlegungen und Ergebnisse nachvollziehbar und ordentlich im Forscherheft!" (vgl. Berger 2016, S. 26).

Wir nehmen aus Erfahrung an, dass zunächst unterschiedliche Bauweisen von Fliegern in den Teams erprobt werden; vermutlich haben viele Schülerinnen und Schüler ihre Lieblingsbauweise (Faltvorschrift) im Kopf und wollen damit natürlich auch in den Wettkampf. Der erste Schritt zur Entscheidung für einen Typ von Papierfliegern (den hoffentlich im Wettbewerb aussichtsreichsten!) ist nun der Beschluss, im Team zu testen, welcher Flieger das ist (statt einfach aufgrund der Einzelentscheidung der im Team dominanten Person). Der naheliegende Weg zum Test ist „Basteln und Ausprobieren". Nehmen wir an, im teaminternen Wettbewerb stehen drei Modelle zur Wahl.

Wann und wie wird deutlich (oder gar „bewiesen"), welcher Flieger der aussichtsreichste ist? Wie oft muss ein Flieger von einem oder allen Teammitgliedern auf die Flugreise geschickt werden? Reicht ein Testflug pro Flieger? Sicher nicht! Da könnte zufällig etwas schiefgehen. Reichen tausend Flüge? Vermutlich. Aber: Geht es nicht auch schon etwas weniger zeitaufwendig? Nach einigen Testflügen wird sich zeigen, dass die Landung an keinem Flieger ganz spurlos vorübergeht. Er wird beschädigt und fliegt dann schlechter. Nach einigen Testflügen wird aus dem Flieger mehr oder weniger zerknittertes Altpapier – ein neuer Flieger muss gefaltet werden, um die Tests fortzusetzen.

Wer gehofft hat, dass die Frage nach der notwendigen Anzahl von Testflügen für eine fundierte Entscheidung mithilfe einer Formel aus der Statistik leicht beantwortet werden kann, wird nun enttäuscht sein. Voraussetzung für den Einsatz solcher Formeln ist immer, dass die gezählten Objekte identisch sind. Das ist in diesem Wettbewerb sicher nicht der Fall: Die Flieger nutzen sich ab, die Bewegungen der Teilnehmer und Teilnehmerinnen beim Start ihres Fliegers sind nicht immer identisch (nur ziemlich ähnlich), sodass der Winkel und die Abfluggeschwindigkeit nicht gleich sind, etc. Zum anderen gehört zum Verständnis solcher Formeln zumindest mathematisches Wissen, das in der Oberstufe (also ab einem Alter von etwa 15 Jahren) unterrichtet wird oder vielleicht erst richtig im Mathematikstudium. Wir befinden uns jedoch in der Unterstufe (Alter etwa 10 bis 14 Jahre) und arbeiten mit Grundwissen aus der Statistik. Was nun?

Flugverhalten testen

Wir lassen die Schülerinnen und Schüler selbst etwas herausfinden und helfen dann, ihre Erfahrungen zusammenzufassen und die gemessenen Werte (Flugweiten) zu interpretieren. Was können sie herausfinden?

Wir haben drei typische Flugverhalten erlebt (vgl. Gruber 2005). Dies sind:

- Einmal gibt es einen (missglückten) „Senkrechtstart". Die
  Nase des Fliegers gerät zu weit nach oben, der Flieger bewegt
  sich steil aufwärts und stürzt dann ab. Kurzer Flug, kurze
  Flugweite – nicht erwünscht.
- Dann passt alles: richtiger Winkel, Gleitflug, optimale Flug-
  weite.
- In der dritten Gruppe von Flügen weicht der Flieger seitwärts
  vom Weg ab, verliert den Auftrieb oder stürzt ab: längerer
  Flug, aber keine optimale Weite.

Wenn die Lernenden ähnliche Erfahrungen machen, erfinden sie
vermutlich auch ein wichtiges Instrument aus der Statistik selbst
neu: den Datenfilter. Damit unsere Statistik über den besten Flieger unseres Teams eine höhere Aussagekraft erreicht, ist es gut,
nur die Flüge aus Gruppe zwei zu werten. Wir berechnen dann
aus den gemessenen Flugweiten dieser Gruppe einen Durchschnitt
(arithmetisches Mittel). In der alltäglichen und wissenschaftlichen
Auswertung von Daten spielen Datenfilter eine wichtige Rolle.

Aus den ersten Experimenten und der Einteilung von Flugbahnen
in Gruppen können die Teams auch Konsequenzen für ihr Training
als Wettbewerbsteilnehmer bzw. -teilnehmerin ziehen: Offenbar
kommt es darauf an, einen Flug vom Typ 2 zu erzielen. Wie geht
das? Durch passendes Training! Wer nicht trainiert, hat geringere
Gewinnchancen. Wenn im Wettbewerb Fehlversuche vom Typ 1 und
3 gewertet werden (und weshalb sollte das nicht der Fall sein?), ist
es wie beim Sport: Wer beim Weitsprung oder Kugelstoßen dreimal
einen Fehlversuch macht, wird sicher nicht gewinnen.

Im nächsten Schritt entdecken die Lernenden einen weiteren Begriff der Statistik, die Streuung von Daten und ihre
Bedeutung. Wenn sie einen Typ Papierflieger einige Male starten
und alle Flüge vom Typ 1 und 3 aussortieren, werden sie eine
Reihe von Flugweiten erhalten. Nehmen wir an, diese Werte
betragen im Durchschnitt etwa 6 m, dann werden einige Flüge
4,2 m oder 4,5 m weit gehen und andere vielleicht 8 oder sogar
8,5 m. Wie aussagekräftig ist der Durchschnittswert, wenn wir
ihn mit einem anderen Typ Papierflieger vergleichen, der im
Durchschnitt nur 5,5 m weit fliegt, aber im besten Versuch 10 m
Flugweite erreicht hat?

Tipps zur Auswertung

Wir wissen hier zu wenig über die beiden Fliegertypen und die Flugversuche, um zu einer Entscheidung zu raten. Aber wir können durch ein paar Tipps dazu beitragen, die Entscheidung auf eine bessere Grundlage zu stellen. Die Tipps betreffen zunächst die Darstellung der gesammelten Daten. Zunächst bietet sich eine Wertetabelle an. Wir haben 40 Versuche dokumentiert (siehe Tab. 1).

Mit dieser Tabelle können wir die Fehlversuche ausfiltern und erste Beobachtungen/Auswertungen machen. So fällt etwa auf, dass auf der rechten Seite der Tabelle mehr Abstürze vermerkt sind und die durchschnittlichen Flugweiten abnehmen. Wir haben demnach einen empirischen Beleg für die Vermutung, dass unsere Papierflieger eine begrenzte Nutzungsdauer haben. Wie oft wir ihn ohne großen Weitenverlust nutzen können, hängt aber auch davon ab, wie ein Absturz ausfällt. Wenn er direkt auf die Nase fällt und diese umknickt, ist der Verschleiß deutlich größer als bei einer sanften Landung.

Tab. 1 Flugweiten. (Berger 2016, S. 32)

Messung	Weite in cm	Absturz?	Messung	Weite in cm	Absturz?
1	410		21	400	
2	355	x	22	570	
3	600		23	385	x
4	565		24	480	
5	640		25	330	x
6	390		26	295	x
7	670		27	500	
8	375	x	28	455	
9	410		29	465	
10	480		30	425	
11	415		31	280	x
12	355		32	445	
13	450		33	370	x
14	510		34	280	
15	310	x	35	480	
16	535		36	240	x
17	210	x	37	330	x
18	620		38	570	
19	395		39	580	
20	510		40	185	x

Als Nächstes suchen wir nach einer übersichtlicheren Darstellung. Wir probieren ein Stamm-Blatt-Diagramm (oder Stängel-Blatt-Diagramm: Zum „Stamm" oder „Stängel" 3 m gehören die „Blätter" 55 cm, 90 cm und 95 cm) und erhalten für die ersten zwanzig Werte ohne Fehlversuche (siehe Tab. 2).

Das ist schon wesentlich übersichtlicher, insbesondere, wenn zwei Messreihen verglichen werden sollen.

Wir erfinden zum Vergleich ein paar Messwerte und tragen sie in ein weiteres Stamm-Blatt-Diagramm ein (Tab. 3).

Was nun? Die Wurfweiten im ersten Beispiel sind zwischen 3,55 und 6,7 m verteilt, die maximale Weite ist 6,7 m. Die meisten Würfe im zweiten Beispiel gehen kürzer, aber zwei sind weiter. Das Maximum liegt bei 7,05 m. Mit welchem Flieger würden Sie in den Wettbewerb gehen?

Wir raten, vor der Entscheidung noch einen Blick auf die Wettbewerbsregeln zu werfen: Wie oft darf geworfen werden? Wird der Mittelwert oder der beste Wurf gewertet? Der erste Flieger scheint etwas zuverlässiger einen höheren Mittelwert zu erzielen, der zweite bietet eine bessere Chance auf einen vom Glück unterstützten Sieg durch einen besonders guten Wurf.

Tab. 2 Flugweiten im Stamm-Blatt-Diagramm. (Berger 2016, S. 37)

3	55 90 95
4	10 10 15 50 80
5	10 10 35 65
6	00 20 40 70

Tab. 3 Flugweiten im frei erfundenen Stamm-Blatt-Diagramm

3	12	23	78	98	99
4	17	24	35	56	67
5	13	32	56		
6	89				
7	05				

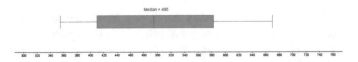

Abb. 1 Flugweiten (Einheit: cm) im Boxplot. (Berger 2016, S. 38)

Noch übersichtlicher wird es, wenn die Daten grafisch dargestellt werden. Dafür gibt es sehr viele gute Möglichkeiten. Wir zeigen hier exemplarisch einen Boxplot[3] für die von uns gemessenen Werte. Die „Box" enthält die Hälfte aller Werte. Sie liegen nahe bei der Mitte. Die Striche links und rechts gehen bis zu dem größten und kleinsten Wert (siehe Abb. 1).

Wenn die Teams so weit gekommen sind, dass sie für die in der internen Konkurrenz gefalteten Flieger Stamm-Blatt-Diagramme und Boxplots erstellt haben, stehen sie vor einer schwierigen Frage. Im Wettbewerb kommt es nicht darauf an, im Durchschnitt bei 100 Würfen die besten Weiten zu erziehen. Der Sieg wird – je nach Regelfestsetzung – entschieden durch *den einen allerbesten Wurf.* Soll das Team nun den Flieger in den Wettbewerb schicken, der einmal am weitesten geflogen ist, oder den, der im Schnitt am weitesten fliegt?

Optimierung des ausgewählten Papierfliegertyps

Kommen die Schülerinnen und Schüler von allein auf die Idee, ihren Flieger noch ein wenig zu optimieren, bevor sie ihn in den Wettbewerb schicken? Was könnte hier mit Optimierung gemeint sein? Nehmen wir ein Beispiel. Unser Flieger erreicht manchmal große Weiten, kommt aber im Flug oft ins seitwärts Trudeln. Er schafft nicht so zuverlässig wie gewünscht lange Gleitflüge. Nun können wir überlegen und probieren, welche Konstruktionsverbesserungen den Geradeausflug stabilisieren. Dazu hilft ein wenig Internetrecherche zum Thema Flugzeugbau, Segelflieger oder Papierflieger. Wir versuchen eine mögliche Verbesserung, indem wir an den Flügelenden einen kleinen Knick anbringen. Hilft das?

Die Frage wird wiederum durch eine Messreihe samt Auswertung beantwortet. Selbstverständlich kann auch probiert werden, ob ein großes oder ein kleines Höhenruder oder Seitenruder
hilft. Wichtig ist für den Lernprozess, dass schrittweise immer
wieder ein Verbesserungsvorschlag gemacht und überprüft wird.
Wichtig für das Team ist natürlich auch, dass bis zum Wettbewerb ein sehr guter Flieger gefaltet werden kann. Schließlich
muss noch mit dem optimalen Flieger fleißig trainiert werden.
Wer trainiert und wer Trainer oder Trainerin ist, hängt von den
Wettbewerbsbedingungen ab. Wenn nur ein Teammitglied am
Wettbewerb teilnehmen darf, trainiert der Werfer oder die beste
Werferin – sonst alle.

Wir wünschen viel Erfolg!

> Für den Fall, dass Sie noch nicht begonnen haben, einen
> Papierflieger zu bauen und zu testen, ist es jetzt Zeit dazu.
> Das Versuchsfeld ist eröffnet: Machen Sie ein Sonntags-
> Familien-Vergnügen daraus! Wie weit haben Sie den bes-
> ten Flieger fliegen lassen?

Anmerkungen

1. Angesichts der Vielfalt von Lehrplänen für Schulen im
   deutschsprachigen Raum ist es nicht möglich, zu schreiben:
   Diese Unterrichtseinheit soll laut Lehrplan z. B. in Klasse 2,
   8. und 9. Unterrichtswoche stattfinden. Lehrerinnen und Lehrer brauchen eine solche Zuordnung auch nicht. Sie wissen
   sehr genau, welche Inhalte in welcher Schulstufe mit welchem
   Zeitbudget ihrer Schule unterrichtet werden sollen. Da dieser
   Vorschlag auch als zusammenfassender Rückblick unterrichtet
   werden kann, passt er in viele Schulstufen nach der ersten
   Beschäftigung mit Statistik, etwa um die Nützlichkeit verschiedener Darstellungsformen zu vergleichen. Eltern müssen
   nicht die Stoffkataloge im Lehrplan studieren, um den Vorschlag richtig zuzuordnen. Sie erleben, wann ihr Kind aus dem
   Unterricht von Statistik berichtet oder Fragen dazu hat, und
   wissen sehr genau, welche Klasse es besucht und wie alt es ist.

2. Ein entsprechender Erlass des zuständigen Ministeriums bleibt offenbar ebenso unbekannt wie unbeachtet, vgl. https:// bildung.bmbwf.gv.at/ministerium/rs/2001_44.html.
3. Auf die Regeln zur Erstellung gehen wir nicht näher ein. Sie finden sich vielfach in den Lehrbüchern zur Statistik und im Internet: https://de.wikipedia.org/wiki/Box-Plot.

Literatur

Berger, I.: Der Traum vom Fliegen: Ein projektorientierter Wettbewerb mit Papierfliegern für die Schule, JKU Linz. http://epub.jku.at/obvulihs/content/titleinfo/1438192 (2016)

Gruber, W.: Physik der Papierflieger. http://brain.exp.univie.ac.at/ypapierflieger/papfs.htm (2005). Zugegriffen: 25. Juni 2016

Wir vermessen eine Kirche. Ein Projekt zur angewandten Geometrie

Jürgen Maaß und Eva Aschauer

Im Mittelpunkt des hier vorgeschlagenen Projektes für einen realitätsbezogenen Mathematikunterricht stehen Anwendungen der Geometrie (Längen, Flächen und Volumen messen und schätzen). Wir versetzen uns und die Lernenden um einige Jahrhunderte zurück in die Rolle eines Baumeisters, der eine Kirche (oder eine Burg) bauen soll. Dazu müssen Pläne gezeichnet und Baumaterialien bestellt bzw. herbeigeschafft werden. Wir wollen das Projekt mit jüngeren Schülerinnen und Schülern[1] durchführen und konzentrieren uns deshalb auf den zweiten Teil, die Baumaterialien. Wie viele Ziegelsteine braucht man für eine Wand, einen Turm etc.?

Wie können Schülerinnen und Schüler wissen, wie dick eine Wand sein muss, um das Dach zu tragen, wenn sie keine statischen Berechnungen durchführen können und sollen? Sie können auf existierende Gebäude schauen. Wir nehmen uns dazu ein schon gebautes und gut erhaltenes Beispiel, eine Kirche oder eine Burg aus der Umgebung. Dann schätzen und berechnen wir,

J. Maaß (✉)
School of Education, Institut für Didaktik der Mathematik,
Johannes Kepler Universität Linz, Linz, Österreich
E-Mail: juergen.maasz@jku.at

E. Aschauer (✉)
Höhere Technische Bundeslehranstalt, Perg, Österreich
E-Mail: eva.aschauer@gmx.at

© Springer-Verlag GmbH Deutschland, ein Teil von Springer Nature 2019
J. Maaß (Hrsg.), *Attraktiver Mathematikunterricht,*
https://doi.org/10.1007/978-3-662-60479-3_3

wie viele Bausteine in einer Wand tatsächlich verarbeitet wurden. Wenn wir es genauer wissen wollen, müssen wir genauer messen und berechnen (lernen). Die Erfahrungen aus dem Projekt, das in der Diplomarbeit von Eva Aschauer (2017) dokumentiert ist, zeigen sehr deutlich, dass es gar nicht einfach ist, realitätsnahe Messungen und Berechnungen durchzuführen. Um es hier kurz anzudeuten: Die Wände sind nicht einfach Quader und oft dicker, als sie zu sein scheinen.

Projektbeginn: Eine gemeinsame Entscheidung für ein Gebäude(teil)

Wie in diesem Buch bereits mehrfach betont, ist es keinesfalls üblich, dass eine Schulklasse darüber entscheidet, was auf welche Weise im Mathematikunterricht thematisiert werden soll. Der große Vorteil einer solchen Vereinbarung zu Projektbeginn (vgl. den ebenfalls bereits zitierten Projekterlass des Ministeriums https://bildung.bmbwf.gv.at/ministerium/rs/2001_44.html) ist die wesentlich größere Verbindlichkeit und Motivation. Vereinbart werden soll, welches historische (oder sonstige) Gebäude genau vermessen werden soll, um zu bestimmen, wie viel Baumaterial (Ziegel, notfalls auch Kubikmeter Beton bei einem modernen Gebäude wie der Schule) verwendet wurde. Wenn ein großes Gebäude ausgewählt wurde, kann auch beschlossen werden, nur einen Teil genauer anzuschauen.

Wir beschreiben im Folgenden exemplarisch die Vermessung der Stiftskirche Waldhausen in Oberösterreich (http://www.kirchen-galerie.de/int/?m=kirche&p=21045). Startpunkt des Projektes soll eine Exkursion zum ausgewählten Gebäude sein. Nach der Exkursion werden die Lernenden gefragt, welche Schätzungen zum Gebäude sie gemacht haben: Höhe, Breite, Wandstärken etc. Aufgrund dieser Schätzungen werden erste Berechnungen zu Volumina angestellt und dokumentiert. Die einzelnen Teams (wie sonst auch in Projekten macht es sehr viel Sinn, die Lernenden zeitweise in Teams arbeiten zu lassen) können auch einen Wettbewerb „Wer schätzt am besten?" daraus machen. Auf jeden Fall sollen gegen Ende des

Projektes die ersten Schätzungen mit den Ergebnissen der späteren Berechnungen verglichen werden. Dabei geht es nicht um Lob und Tadel, sondern um Wege, beim nächsten Mal besser zu schätzen. Es wird zu fragen sein, weshalb Unterschiede zwischen Schätzung und Endergebnis (= die nach gemeinsamer Einschätzung beste Näherung) bestehen. In der Diplomarbeit findet sich ein Vorschlag für ein ausführliches Schätztraining (Aschauer 2017, S. 40 ff.), das dazu beitragen wird, besser zu schätzen.

Übersicht
Schätzen ist im Alltag und im Beruf ausgesprochen nützlich. Wir empfehlen daher sehr ein solches Training. Wenn Sie mit Ihren Kinder etwas üben wollen, nehmen Sie einen Taschenrechner und üben Sie wie im folgenden Beispiel das Schätzen der Ergebnisse von Berechnungen. Eine Person (Ihr Kind) tippt z. B. ein: 287 mal 5. Sie schätzen: 300 mal 5 ist 1500, also etwa 1400. Sie tippen ein: 654 durch 8, Ihr Kind schätzt mit der Überlegung 8 mal 8 ist 64: etwas mehr als 80. Wenn Sie daraus einen kleinen Wettbewerb machen wollen, verteilen Sie Punkte und Belohnungen für gute Schätzungen.

Wenn Sie Entfernungen, Flächen und Volumina schätzen wollen, gehen Sie ähnlich vor. Eine Person misst etwas nach (z. B. die Länge des Flurs oder des Weges zum Bäcker), die andere schätzt.

Zur Vorbereitung einer zweiten Exkursion mit dem Ziel einer genaueren Messung soll die Schulklasse überlegen, wie sie genauere Daten erhält. Längen messen gelingt mit einem Zollstock, einem Maßband oder einer Schnur. Wie aber können Höhen gemessen werden? Falls die Klasse keine Idee hat (und Apps zur Entfernungsmessung am Handy nicht zugelassen werden), kann die Lehrkraft etwas Geometrie einbringen. Erinnern wir uns etwa an eine Eigenschaft des rechtwinkeligen Dreiecks: Beide Seiten (Katheten genannt) am rechten Winkel sind gleich

lang. Wenn ich also im Winkel von 45 Grad auf die Spitze eines
Kirchturms oder das obere Ende einer Wand sehe, ist meine
Entfernung von der Wand gleich der Höhe (plus meine Körper-
größe, genauer: Augenhöhe). Wenn ich mit einem anderen Winkel sehe, muss ich etwas mehr Geometrie verwenden und etwas
mehr rechnen. Wie kann ich wissen, ob ich tatsächlich in einem
Winkel von 45 Grad sehe? Das ist eine schöne Aufgabe für die
Teams! Sie sollen eine passende Vorrichtung basteln! Falls sie
gar nicht wissen, wie das funktionieren kann, hilft vielleicht ein
Tipp: Seht Euch mal das Geodreieck an, das Ihr jeden Tag brav
mit zur Schule tragt. Genau: Es ist ein rechtwinkeliges Dreieck und hat an den Ecken die Winkel 90, 45 und 45 Grad. Wir
brauchen also „nur" eine vergrößerte Version davon, damit wir
genauer schauen können als mit dem kleinen Geodreieck. Vielleicht brauchen wir noch eine Stütze, um das neu gebaute Mess-
gerät passend zu halten.

Fragen der Genauigkeit sind im üblichen Mathematikunterricht anders wichtig als im realitätsbezogenen Mathematikunterricht. Wenn etwa schriftliche Multiplikation geübt werden
soll, kann am Erzielen des genau richtigen Ergebnisses leicht
überprüft werden, ob sich irgendwo ein Rechenfehler ein-
geschlichen hat. Wenn $7 \cdot 8 = 55$ statt 56 ausgerechnet wird, ist
das nicht etwas ungenau, sondern schlicht falsch. Wenn als Höhe
einer Wand in einem Geometriebeispiel aus dem Schulbuch statt
4 m etwa 4,2 m ausgerechnet wird, liegt vermutlich ebenfalls
ein Rechenfehler vor. Vielleicht ist auch ein Sinuswert falsch
abgelesen worden.

Wenn die Höhe der hier im Projekt erforschten Wand einer
Kirche um 20 cm falsch geschätzt wird, hat das schon spürbare
Folgen für das Gesamtvolumen. Wie ändert sich der Wert? Bei
50 m Wandlänge und einem halben Meter Wandstärke steigt das
Volumen um $0,2 \cdot 0,5 \cdot 50$ m^3, also um 5 m^3. Wer einmal beim
Hausbau mitgeholfen und 5 m^3 Steine 4 m hinaufgetragen hat,
wird vermutlich berichten können, dass damit eine Menge Arbeit
verbunden ist. Mit anderen Worten: In diesem Fall ist so ein
kleiner Messfehler wirklich relevant. Es lohnt sich sowohl aus
didaktischer Sicht als auch im Hinblick auf das Projektergebnis,
den möglichen Messfehlern viel Aufmerksamkeit zu schenken.

Wie? Wir schlagen vor, einmal ausrechnen zu lassen, wie groß der Fehler ist, wenn das Messdreieck etwas schief gehalten wird. Wie ändert sich die gemessene Mauerhöhe, wenn der Fehler 1 Grad, 2 Grad … 20 Grad beträgt?

Schätzergebnisse im Projekt „Stiftskirche Waldhausen"

In dem dokumentierten Projekt wurden Fotos der Kirche als wesentliches Hilfsmittel benutzt (vgl. Aschauer 2017, S. 63 ff.). Wie geht das? In viele Fotos der Kirche wurden aufgrund der bekannten Länge eines Vergleichsobjektes ungefähre Längen eingetragen (siehe Abb. 1).

Auf dem ausgedruckten Foto wurden Längen eingetragen, die zu weiteren Berechnungen genutzt wurden. Das ist schon weitaus genauer als das Schätzen ohne Messen oder das Messen mit Schritten und Vergleichen (etwa: Die Wand ist etwa

Abb. 1   Kirche mit Abmessungen (Aschauer 2017, S. 71)

fünfmal so hoch wie ein Fenster, das etwa 2 m hoch ist). Nach
vielen Überlegungen im Detail (z. B. zu den Fensterflächen) kam
als Schätzung für das Volumen der Nordwand ein Wert von ca.
350 m³ heraus (vgl. Aschauer 2017, S. 77). Nach einigen weiteren Schätzungen und Berechnungen kam als erstes geschätztes
Gesamtmauervolumen etwa 2300 m³ heraus. Das sind rund
822.000 Ziegel und etwa 550 m³ Mörtel.

Eine weitere Exkursion zur Kirche war besser mit Mess-
instrumenten ausgestattet und arbeitete noch etwas gründlicher.
Das am meisten überraschende Ergebnis war die tatsächliche
Wandstärke. Statt der geschätzten 50 cm sind es an vielen Stellen 1,25 m. Woran mag der große Schätzfehler liegen? Zum
einen ist die Kirche von innen reichlich und schön ausgestattet
(siehe Abb. 2).

Zum anderen haben wir bei der ersten Schätzung einfach
nicht so dicke Wände erwartet. Fragen wir nun, weshalb so sta-
bil gebaut wurde, kommen wir auf das Stichwort „Sicherheit".
Zunächst ist leicht zu begreifen, dass dickere Mauern stabiler

Abb. 2 Innenfoto mit Abmessungen (Aschauer 2017, S. 73)

sind. Die Erbauer und Besucher der Kirche können sich innen sicherer fühlen, wenn die Mauern dicker sind und mit größerer Sicherheit das Dach tragen. Vielleicht sollten die dickeren Mauern auch in einem anderen Sinne Sicherheit bieten. Wir fragen uns (und bei Gelegenheit auch die Kolleginnen und Kollegen, die Geschichte unterrichten, sowie den Pfarrer), ob es in historischen Zeiten unruhige Zeiten gegeben hat, in denen die Kirchenmauern auch Schutz bieten sollten. Gab es zur Zeit des Bauens konkrete Hinweise auf Leute, vor denen die dicken Kirchenmauern schützen sollten?

Vielleicht gibt es in der Schulklasse auch Eltern, die beruflich mit Hausbau und Statik zu tun haben und den Lernenden darüber Auskunft geben können, wie dick die Mauern sein sollten, um auf jeden Fall eine hinreichende Stabilität zu gewährleisten.

Baupläne und genauere Berechnungen

Der Kontakt zum Pfarrer erwies sich in einem zentralen Punkt des Projekts als sehr hilfreich (auch an dieser Stelle ein großes Dankeschön!). Er hat Baupläne zur Verfügung gestellt, mit denen genauer nachgerechnet und überprüft werden konnte, wie gut die ersten Schätzungen waren (vgl. Aschauer 2017, S. 91 ff.). Hoffentlich werden einzelne Teams (oder auf Rat der Lehrkraft die ganze Schulklasse) die Ergebnisse des Schätzens und Messens in Form von Skizzen und hinzugefügten Messdaten zusammenfassen. Dann wird es wie hier selbst erstellte Pläne der Kirche geben, die mit den Profilplänen verglichen werden konnten.

Wenn es darum geht, Pläne zu erstellen oder zu verstehen, ist ein anderes Teilgebiet der Geometrie gefragt: Maßstäbe. Wenn ich eine Länge von 50 m für die Länge und 5 m für die Höhe messe – wie lang ist dann ein passender Strich auf dem Papier? Wie groß soll eine Fläche der Skizze auf dem Papier (einem A4-Blatt) sein, die die Größenverhältnisse passend wiedergibt? Und umgekehrt: Auf dem Plan ist eine Mauer 13 cm lang. Wie lang ist sie in Wirklichkeit? Der Weg vom ersten Verständnis eines Maßstabes bis zum unmittelbaren Begreifen eines

Bauplanes, wie es Architektinnen oder Baumeister können, ist lang und nicht einfach. Aber alle Menschen, die ein wenig als Heimwerker oder Heimwerkerin tätig werden wollen, sollten in der Lage sein, Wände zu vermessen oder Pläne zu lesen. Mit anderen Worten: An diesem Beispiel ist unmittelbar einsichtig, dass Kinder in diesem realitätsbezogenen Mathematikunterricht etwas für das Leben lernen.

Übersicht

Heimwerker oder Heimwerkerin? Was hat denn das mit Mathematikunterricht zu tun? Falls Sie zu den Menschen gehören, die ganz selbstverständlich ihre Wohnung selbst streichen oder tapezieren, Fußböden verlegen oder die Auffahrt zur Garage pflastern, wissen Sie schon die Antwort. Bevor Baumaterialien ausgewählt und gekauft werden, muss geplant werden. Wie viel Farbe brauche ich, um das Bad oder die Küche neu zu streichen (oder Fliesen zu erneuern)? Wie viele Quadratmeter hat die Decke des Wohnzimmers? Für die Planung brauchen Sie ebenso wie die Handwerker, die Sie für solche Arbeiten engagieren, elementare Geometrie: Längen messen, Flächen berechnen, eine maßstabsgerechte Planzeichnung anfertigen und lesen können.

Versuchen wir es einmal mit einem Humorprojekt: Welches ist Ihre Lieblingsfarbe? Wählen Sie bitte eine Farbe aus. Nun tun wir so, als wollten Sie alle Türen in Ihrer Wohnung in dieser Farbe anstreichen. Wie viel Farbe würden Sie benötigen? Sie können es mit einer groben Schätzung versuchen, etwa: fünf Türen mit geschätzten zwei Quadratmetern Fläche, gestrichen von beiden Seiten macht $20 \, m^2$. Oder Sie nehmen einen Zollstock bzw. ein Maßband und messen genau nach. Die Fläche eines Rechtecks finden Sie heraus, indem Sie Länge und Breite multiplizieren. Dann erkundigen Sie sich, wie viel Farbe gebraucht wird, um die Fläche zu streichen – fertig (bitte nichts streichen, das nicht wirklich gestrichen werden soll!).

Im Zuge der Auswertung der Baupläne waren – wie zuvor beim Schätzen und Messen – immer wieder Entscheidungen notwendig. Wie genau wollen wir sein? Berücksichtigen wir im Detail, dass die Wände nicht immer gerade sind? Die Fenster etwa sind nicht in genau rechtwinklige Aussparungen in der Mauer eingebaut; die Wände sind dort etwas schräg. Wenn wir überall dort, wo ein Fenster ist, einen Quader mit rechten Winkeln von der Mauer abziehen, rechnen wir ungenau. Wie groß ist der Fehler? Leisten wir uns diesen Fehler? Vorsicht: Es gibt viele Fenster – der Fehler bei der Berechnung der nichtbenötigten Steine von einem Fenster multipliziert sich.

Abb. 2 zeigt auch vielfältige Verzierungen mit nichtquadratischen Formen. Wie berücksichtigen wir das? Lassen wir einfach alles weg? Wir schlagen vor, die Schulklasse selbst solche Entscheidungen treffen zu lassen – mit einer jeweiligen Begründung und wenn möglich mit einer Überlegung, wie sich die Entscheidung auf das Gesamtvolumen des Mauerwerks auswirkt. Falls die Zeit oder Geduld nicht reicht, das ganze Gebäude zu berechnen, ist es durchaus möglich, sich für einen Teil, etwa eine Wand, zu entscheiden.

Projektergebnisse

Nun wollen Sie sicher abschließend wissen, was denn herausgekommen ist. Wir (vgl. Aschauer 2017, S. 124) würden dem Baumeister empfehlen, mindestens folgende Mengen an Baumaterialien zu bestellen:

Glas	230 m^2
Blei	2600 kg
Mauerziegel	3.000.000 Stück
Mörtel	2000 m^3
Dachziegel	36.000 Stück

Die Schätz- und Messfehler im Hinblick auf die Wandstärke der Mauern haben also dramatische Auswirkungen auf das Resultat. Die Anzahl der tatsächlich benötigten Ziegel ist mehr als dreimal so groß, wie ursprünglich vermutet.

Aus der Tabelle können Sie auch entnehmen, dass im hier skizzierten Projekt auch andere Baumaterialien untersucht wurden. Selbstverständlich wird ein Projekt im Hinblick auf den Arbeitsumfang kleiner oder größer, wenn mehr oder weniger Aspekte berücksichtigt werden.

Zum Abschluss noch eine Bitte: Falls Sie dieses oder ein anderes Projekt in diesem Buch ausprobieren wollen bzw. ausprobiert haben, teilen Sie uns bitte ihre Erfahrungen, Fragen oder Kritikpunkte mit (Mail an: juergen.maasz@jku.at).

Anmerkungen

1. Auch hier wissen Lehrende ohne unsere Hilfe ganz genau, wo und wie solch ein Vorschlag in ihren Unterricht passt.

Literatur

Aschauer, E.: Realitätsbezogener Geometrieunterricht – Wir vermessen eine Kirche, Diplomarbeit, JKU Linz 2017

Politische Bildung im Mathematikunterricht: Wie werden aus Stimmen Sitze im Parlament?

Jürgen Maaß und Lukas Strobl

In den allgemeinen Lehrzielen für den Unterricht an Schulen aller „westlichen" Länder steht unmissverständlich und aus dem gesellschaftlichen Zweck von Bildung insgesamt sehr gut begründet, dass die heranwachsenden Menschen in der Schule zu vollwertigen, mündigen Bürgerinnen und Bürgern unseres demokratischen Staates erzogen werden sollen. Ein ganz wesentliches Merkmal einer Demokratie sind Wahlen: Wer einen Staat regiert, wird nicht durch Geburt wie in einer Monarchie entschieden oder durch Gewalt mit Militär und Geheimpolizei wie in einer Diktatur, sondern durch Wahlen. Wer wahlberechtigt ist, darf durch seine Stimme mitentscheiden, wer gewählt ist, um das Volk zu vertreten bzw. zu regieren. Die sogenannte **Wahlmathematik** hilft dabei auszurechnen, wie bei Wahlen abgegebene Stimmen in Sitze im gewählten Parlament umgerechnet werden. Welche Formeln dazu verwendet werden, ist in einem Wahlgesetz geregelt. In diesem Projekt

J. Maaß (✉)
School of Education, Institut für Didaktik der Mathematik, Johannes Kepler Universität Linz, Linz, Österreich
E-Mail: juergen.maasz@jku.at

L. Strobl (✉)
Bundesrealgymnasium Traun, Traun, Österreich

© Springer-Verlag GmbH Deutschland, ein Teil von Springer Nature 2019
J. Maaß (Hrsg.), *Attraktiver Mathematikunterricht,*
https://doi.org/10.1007/978-3-662-60479-3_4

sind die Berechnungen einfacher als das Verständnis der politischen Zusammenhänge. Hier ist ein wenig Erfahrung mit Wahlen, Koalitionen etc. sehr hilfreich. Deshalb scheint uns nicht der vom Lehrplan her frühestmögliche Zeitpunkt geeignet, sondern eher ein Mindestalter von 14 oder 15 Jahren. Aber wie in den Vorschlägen zuvor vertrauen wir hier auf die Kompetenz der Lehrkräfte.

Einstiegsbeispiel Bis hier klingt es vielleicht ebenso bekannt wie langweilig. Das Wahlgesetz wird schon stimmen, und wir gehen ohnehin wählen. Was soll es also?

In seiner Diplomarbeit hat Lukas Strobl (2016, S. 64 ff.) die Nationalratswahl in Österreich im Jahre 2013 genauer untersucht.[1] Tab. 1 zeigt zunächst zur Erinnerung die Anzahlen der abgegebenen Stimmen und die dazugehörigen prozentualen Anteile.

Nun schauen wir uns an, wie nach dem seinerzeit gültigen Wahlgesetz die Sitze im Nationalrat verteilt wurden (siehe Tab. 1; Abb. 1).

Jetzt kommt die Überraschung Wie wären die Sitze im österreichischen Nationalrat mit demselben Ergebnis verteilt worden, wenn wir ein Wahlgesetz wie in England hätten (also ein Mehrheitswahlrecht statt eines Verhältniswahlrechts) (siehe Abb. 2)?

Damit bietet sich eine gute Möglichkeit, den Schülerinnen und Schülern auf dem Wege zur Selbstständigkeit einige Schritte

Tab. 1 Ergebnis der Nationalratswahlen 2013 in Österreich: Stimmen und Prozente	Partei	Stimmen	Prozent (%)
	SPÖ	1.258.605	26,80
	ÖVP	1.125.876	24,00
	FPÖ	962.313	20,50
	BZÖ	165.746	3,50
	GRÜNE	582.657	12,40
	FRANK	268.679	5,70
	NEOS	232.946	5,00

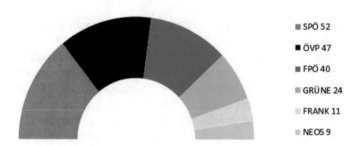

SPÖ 52

ÖVP 47

FPÖ 40

GRÜNE 24

FRANK 11

NEOS 9

Abb. 1 Ergebnis der Nationalratswahlen 2013 in Österreich: Sitzverteilung real (Strobl 2016, S. 71)

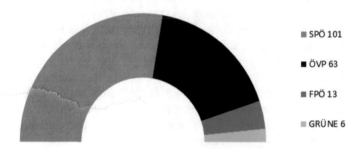

SPÖ 101

ÖVP 63

FPÖ 13

GRÜNE 6

Abb. 2 Ergebnis der Nationalratswahlen 2013 in Österreich: Sitzverteilung nach britischem Wahlrecht (Strobl 2016, S. 71)

zu ermöglichen. Sie werden zunächst aufgefordert, in kleinen Gruppen zu erörtern und zusammenzutragen, welche Unterschiede in den Sitzverteilungen sie erkennen: Nach Anwendung eines Wahlrechts nach englischem Vorbild gäbe es weniger Parteien, und die großen Parteien würden deutlich mehr Sitze erhalten. Die SPÖ würde für dieselbe Anzahl Stimmen fast doppelt so viele Sitze und eine klare absolute Mehrheit im Nationalrat erhalten.

Nun kommt die eigentliche Aufgabe für die Arbeitsgruppen: Wie kommt dieses Ergebnis zustande?

Hier bietet es sich an, die Schulklasse in neun Gruppen (entsprechend den neun Bundesländern) aufzuteilen, die die Daten der Nationalratswahl (http://wahl13.bmi.gv.at/index.html) suchen und aufarbeiten. Sie werden bald feststellen, dass es in jedem Bundesland Regionalwahlkreise gibt, die unterschiedlich viele (ein bis neun) Abgeordnete stellen. Wir nehmen vereinfachend an, die österreichische Umsetzung des englischen Mehrheitswahlrechts würde so beschlossen, dass jeder der 39 Regionalwahlkreise jeweils alle Abgeordnete von jener Partei in den Nationalrat entsendet, die die meisten Stimmen erhalten hat.

Abb. 3 zeigt die Einteilung in Regionalwahlkreise.

Nun kann mit ein wenig Mühe für jeden dieser 39 Regionalwahlkreise überprüft werden, welche Partei die meisten Stimmen hatte. Danach wird die Karte eingefärbt (siehe Abb. 4).

Auf den ersten Blick sind Schwarz und Rot die dominierenden Farben, Schwarz vielleicht sogar etwas mehr. Wer sich daran erinnert, dass in Wien im Verhältnis zum Rest Österreichs recht viele Menschen leben, schätzt vielleicht, dass es etwa gleich viele Stimmen für Rot und Schwarz gab. Klar zu erkennen sind die beiden grünen und blauen Wahlkreise. Strobl hat die Ergebnisse der 39 Regionalwahlkreise in Stimmen und Prozente aufgelistet (Strobl 2016, S. 68) und das Ergebnis der genaueren Analyse wie folgt zusammengefasst:

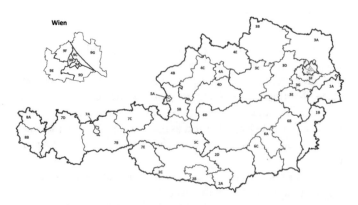

Abb. 3 Einteilung in Regionalwahlkreise (Strobl 2016, S. 65)

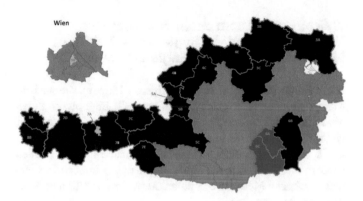

Abb. 4 Wahlergebnis NR 2013 in Regionalwahlkreisen (Strobl 2016, S. 66)

Keine Partei hat es geschafft, in einem Wahlkreis die absolute Mehrheit zu erreichen. Den maximalen Prozentsatz konnte die ÖVP im Regionalwahlkreis Waldviertel mit 40,40 % erreichen.

In den 39 Regionalwahlkreisen sind viele der Stimmen verloren gegangen – sie haben keinen Einfluss auf die Sitzverteilung. Von den insgesamt 4.692.907 abgegebenen gültigen Stimmen bei dieser Wahl würden nach englischem Wahlrecht 69,10 % bei der Sitzverteilung nicht zählen.

Die Sitzverteilung im Nationalrat würde folgendermaßen lauten: SPÖ 101, ÖVP 63, FPÖ 13, Grüne 6 Sitze, also eine klare absolute Mehrheit für die SPÖ im Nationalrat.

Nicht vergessen: Diese Sitzverteilung würde bei derselben Stimmabgabe, aber einem anderen Wahlrecht entstehen. Wir haben also an diesem Beispiel gezeigt (und können es an vielen anderen Beispielen ebenso zeigen), welche im wahrsten Sinne *entscheidende* Rolle das Wahlrecht und im Kern des Wahlgesetzes die verwendete mathematische Modellierung zur Umrechnung von Stimmen in Sitze spielt.

Im Sinne des Bildungszieles „Politische Bildung" empfehlen wir – bei Gelegenheit in Kooperation mit einer Kollegin oder einem Kollegen – der folgenden Frage im Unterricht Raum zu geben:

Welche Konsequenzen für die Arbeit des Nationalrates und der Regierung würde die Sitzverteilung „Made in England" haben?

Diese Frage führt direkt in die politische Bildung, die auch im Mathematikunterricht geleistet werden soll. Eine etwas andere Modellierung derselben Daten hat weitreichende Konsequenzen! Nicht die – immer als besonders objektiv angesehene – Mathematik selbst entscheidet, wie aus Stimmen Mandate werden, sondern die Menschen, die ein Wahlgesetz beschließen, das eine mathematische Methode beinhaltet, nach der aus Stimmen Mandate berechnet werden.

Offenbar unterstützt das Mehrheitswahlrecht sehr stark die Bildung von Mehrheiten. In diesem Beispiel hätte eine Partei mit etwas mehr als einem Viertel der Stimmen eine klare absolute Mehrheit im Nationalrat und könnte ohne Koalitionsverhandlungen eine Regierung wählen, einen Etat und alle Gesetze beschließen, die keine Zweidrittelmehrheit erfordern.

Welches Wahlrecht wäre das bessere?

Auch bei der Beantwortung dieser Frage, die so naheliegt, dass sie im Unterrichtsgang fast sicher zu erwarten ist, sollte die Lehrkraft sich nicht nur aus didaktischen Gründen (Lehrziel: Selbstständigkeit) zurückhalten. Es wäre ein schlimmer Fehler, wenn die Lehrkraft an dieser Stelle sagen würde, dass „seine oder ihre" Partei ohnehin die bessere Politik macht und deshalb ein Wahlrecht zu begrüßen wäre, das ihr zur Alleinregierung verhilft. Schließlich sollen die Schülerinnen und Schüler nicht die privaten politischen Ansichten einer Lehrkraft (oder die seiner Partei) im Unterricht lernen. Hier unterscheiden sich etwa Deutschland und Österreich zum Glück von Nordkorea oder dem Dritten Reich.

Das Lehrziel ist, einen Zusammenhang zwischen unterschiedlicher mathematischer Modellierung, realisiert in unterschiedlichen Gesetzen zur Umrechnung von Stimmen in Mandate, und unterschiedlichen Bedingungen für die Regierung zu erkennen. Um diesem Lehrziel noch etwas näherzukommen, betrachten wir einmal, wie Englands Parlament, das Unterhaus, aussehen würde, wenn dort die Stimmen nach österreichischem Beispiel in Mandate umgerechnet würden.

Englische Wahl und österreichisches Wahlrecht

In der Diplomarbeit von Strobl findet sich eine kurze Zusammenfassung der Struktur der konstitutionellen Monarchie in England (Strobl 2016, S. 47 ff.), auf die hier verzichtet wird. Für den vorgeschlagenen Unterrichtsgang empfehlen wir, entweder daraus Referatsthemen zu machen oder die Thematik parallel etwas ausführlicher z. B. im Geschichtsunterricht zu behandeln. Die Kooperations- und Koordinationsmöglichkeiten sind an den verschiedenen Schulen unterschiedlich. Oft wäre bei realitätsbezogenen Mathematikunterrichtsprojekten eine fächerübergreifende Kooperation sinnvoll. Leider ist sie nicht immer möglich.

Für die Wahlen zum Unterhaus gilt ein relatives Mehrheitswahlrecht: Wer in einem Wahlkreis die relative Mehrheit der Stimmen erhält, vertritt diesen Wahlkreis im Unterhaus. Tab. 2 zeigt die „originale" Sitzverteilung nach der Unterhauswahl 2015:

Nach dem englischen Wahlrecht erhielten von den 650 Sitzen die Konservativen 331 Sitze, Labour 232 Sitze etc. Kurz: Es gab eine knappe absolute Mehrheit der Sitze für die Partei mit 36,90 % der Stimmen. Nach einem ans österreichische Vorbild angelehnten Wahlrecht hätte es für keine Partei eine absolute Mehrheit der Sitze gegeben, die kleinen Parteien hätten deutlich mehr Sitze erhalten. Wie auf den Sitz genau die Verteilung gewesen wäre, hängt von einigen Entscheidungen über die Details eines Wahlgesetzes nach österreichischem Vorbild ab, auf die wir hier nicht näher eingehen. Als kleine Übung empfehlen wir eine Bestimmung nach D'Hondt (https://de.wikipedia.org/wiki/D%E2%80%99Hondt-Verfahren) ohne Zusätze.

Tab. 2 Unterhauswahl in Großbritannien 2015. (Strobl 2016, S. 50; https://www.bbc.com/news/election/2015/results)

Partei	Stimmen	Prozent (%)	Mandate
Conservative	11.334.576	36,90	331
Labour	9.347.304	30,40	232
Scottish National Party	1.454.436	4,70	56
Liberal Democrat	2.415.862	7,90	8
Democratic Unionist Party	184.260	0,60	8
Sinn Fein	176.232	0,60	4
Plaid Cymru	181.704	0,60	3
Social Democratic & Labour Party	99.809	0,30	3
Ulster Unionist Party	114.935	0,40	2
UKIP	3.881.099	12,60	1
Green Party	1.157.613	3,80	1
.	.	.	.
.	.	.	.
.	.	.	.
Others	164.822	0,50	1

Übersicht

Viele Menschen laden sich aus dem Internet Rezepte fürs Kochen und Backen oder Tipps für den Garten oder die Behandlung von Krankheiten, Insekten oder Wunden herunter. Wer aber (außer Lernende beim Lösen von Aufgaben) sucht im Internet nach Lösungen für mathematische Fragen? Wir ermutigen Sie hiermit, dem oben zitierten Link zu folgen! Nehmen wir eine fiktive Wahl, bei der 10.000 Stimmen für die Parteien A (4004), B (3003), C (2002) und D (501) abgegeben wurden. E wie Enthaltung bekam auch 490 Kreuze auf dem Stimmzettel.

Wenn 10 Sitze nach Prozenten zu verteilen wären, bekämen die Parteien – was schätzen Sie? A 4, B 3, C 2

Sitze und einen Sitz für D. Dabei sind wir uns nicht ganz sicher, weil D ja für nur 500 Stimmen einen Sitz bekäme. Wenden wir ein realitätsnäheres Wahlgesetz an und rechnen nach D'Hondt! Folgen Sie dem Rechenbeispiel und teilen Sie zunächst alle Stimmen der Parteien A, B, C und D durch 1, dann durch 2 und so weiter. Wir erhalten Tab. 3 (Sitzverteilung in unserem Übungsbeispiel), in der die verteilten Sitze durchnummeriert sind (jeweils in Klammern).

Wir schauen uns das Ergebnis an: Den ersten Sitz erhält Partei A – sie hat die meisten Stimmen. Sitz 2 geht an Partei B, Sitz 3 wieder an Partei A. Insgesamt erhält Partei A 5 Sitze, Partei B 3 Sitze und Partei C 2 Sitze. Haben Sie das auch ausgerechnet? Was halten Sie vom Ergebnis?

Vielleicht erinnern Sie sich an die letzte Wahlnacht mit Hochrechnungen. Die Sitze 7 bis 9 wurden nur aufgrund geringer Unterschiede verteilt. So etwas kommt immer wieder vor und führt zu vorsichtigen Formulierungen bei der Bekanntgabe und Kommentierung von Hochrechnungen.

Nicht zufällig ergibt sich eine gewisse Symmetrie: Absolute Mehrheiten im Parlament werden durch ein Mehrheitswahlrecht eher möglich; die Notwendigkeit von Koalitionsregierungen folgt eher nach einem Verhältniswahlrecht, weil selten eine Partei eine absolute Mehrheit der Stimmen erhält. Will „man", dass

Tab. 3 Sitzverteilung in unserem Übungsbeispiel

Divisor	Partei A	Partei B	Partei C	Partei D
1	4005 (1.)	3003 (2.)	2001 (4.)	500
2	2002,5 (3.)	1501,5 (5.)	1000,5 (9.)	250
3	1335 (6.)	1001 (8.)	667	166,67
4	1001,25 (7.)	750,75	500,25	125
5	801 (10.)			

die Regierung eher zu Kompromissen mit einem Koalitions-
partner gezwungen ist oder dass sie nur mit der Opposition in
den eigenen Reihen verhandeln muss? Wir können und wollen
an dieser Stelle nicht versuchen, eine „richtige" Antwort auf
diese Frage zu finden. Das entspricht auch nicht dem Ziel des
hier vorgeschlagenen Unterrichts.

Der folgende Vorschlag zur Vertiefung der bisher gewonnenen
Einsichten in den Zusammenhang von Wahlgesetz und Parla-
mentszusammensetzung löst sich ein wenig von realen Situationen, um die Betonung auf die Freiheiten des mathematischen
Modellierens zu legen. Mit anderen Worten: Nicht alles, was
korrekt modelliert ist, ist auch sinnvoll.

Lasst den Zufall entscheiden? Wie viel Freiheit bei der mathematischen Modellierung von Wahlverfahren ist möglich, und wie viel ist sinnvoll?

Mit dem Blick hinter die Kulissen der Mathematik der Sitzverteilung haben wir das Tor zu weiteren Fragen und Ideen
geöffnet. Schon der Vergleich zwischen zwei in unserer Welt
häufig verwendeten Modellen (Verhältniswahlrecht und Mehrheitswahlrecht – beide gibt es übrigens in vielen Varianten) zeigt
auf, dass keinesfalls „die Mathematik" allein und ganz objektiv
bestimmt, wie nach der Stimmabgabe ein Parlament zusammengesetzt wird, sondern die Menschen, die ein bestimmtes mathematisches Modell auswählen und als Wahlgesetz beschließen.
Nun stellen wir uns vor, wir als Schulklasse hätten einen Auftrag
zur Politikberatung und sollten ein neues Wahlgesetz formulieren (genauer: den mathematischen Kern desselben).

Als Erstes gibt es einen nicht ganz ernst gemeinten Probeauftrag: Wie kann ein Wahlrecht aussehen, in dem der Zufall über
die Verteilung der Parlamentssitze entscheidet? Ganz unterschiedliche Vorschläge sind möglich, je nachdem, auf welcher
Ebene des Sitzverteilungsvorgangs der Zufall entscheiden soll.

Die geringsten Kosten entstehen bei einer Wahl, wenn gar nicht erst Stimmen abgegeben werden, sondern gleich die Namen aller Parteien in eine Lostrommel gelegt werden, aus der dann vor laufenden Kameras die Zufallsgöttin persönlich ein Los mit einem Namen zieht. „Partei E hat gewonnen", verkündet die Fernsehsprecherin bzw. der Fernsehsprecher, eine Notarin oder ein Notar bestätigt, dass die Wahl korrekt durchgeführt wurde – und fertig. Wer mehr Aufwand möchte, kann auch auf der Ebene der Bundesländer, Regionalwahlkreise, Gemeinden etc. Zufallsgeneratoren wie Lose oder Würfel installieren, um Wahlentscheidungen zu fällen.

Sicher kommt bei einem solchen Wahlgesetz schnell die Frage nach dem Sinn auf: Der eigentliche Zweck der Wahl ist doch, dass alle Wahlberechtigten bewusst entscheiden, wer sie regieren soll. Wenn stattdessen der Zufall entscheidet, ist das sicher keine Demokratie; eine Zufallsentscheidung ist nicht demokratisch, also ist ein solches Wahlgesetz nicht sinnvoll und aus Sicht der Verfassung auch nicht zulässig.

So bringt uns der Probeauftrag zu einer sehr ernsten und wichtigen Erkenntnis: Die Mathematik erlaubt (hier in Form eines Zufallsgenerators für Wahlentscheidungen) sehr viel. Sehr viele Modelle sind mathematisch möglich, aber: Die Modelle müssen auch sinnvoll sein und im Falle von Wahlgesetzen sicher auch der Verfassung entsprechen.

Um diesen Punkt noch zu betonen, erwähnen wir ein verfassungsänderndes Wahlgesetz, etwa eines, in dem steht: „Unabhängig von der Stimmverteilung bekommt die derzeitige Regierungspartei alle Sitze im Parlament!". Selbstverständlich ist es mathematisch möglich, nach diesem Gesetz die Parlamentssitze zu besetzen, aber es bedeutet, dass dieses Parlament keine demokratisch gewählte Vertretung der Wahlberechtigten ist. Wir überlassen es dem Unterricht – und jetzt Ihnen, den Leserinnen und Lesern dieses Textes –, zu überlegen, ob Regierungen auf dieser Welt gern ein solches Wahlgesetz hätten, und was sie tun, um das jeweils geltende Wahlrecht in dieser Richtung zu ändern.

Andere Wahlgesetze selbst konstruieren

Bevor die Schulklasse ihren Ideenreichtum in Sachen Wahl-
gesetze in konkrete Vorschläge umsetzt, sollten erst noch
die Lehren aus dem Zufallswahlgesetz festgehalten werden:
Die vorgeschlagenen neuen Wahlverfahren sollen im Rahmen von Demokratie und Verfassung bleiben. Sie sollen Stimmen „gerecht" in Sitze umrechnen. Dazu kommen andere
Bedingungen, die als Ergebnis der Diskussion in der Schulklasse
zu formulieren und gegebenenfalls nach der Lektüre des aktuellen Wahlgesetzes zu präzisieren sind.

Wir präsentieren als Anregung und Beispiel für kreative
Wahlmathematik einige Beispiele aus der Diplomarbeit von
Strobl. Er hat eine fiktive Wahl mit 10.000 Wahlberechtigten und
einem fiktiven Ergebnis als Ausgangspunkt genommen:

Partei 1   40 % – 4000 Stimmen
Partei 2   25 % – 2500 Stimmen
Partei 3   17 % – 1700 Stimmen
Partei 4   12 % – 1200 Stimmen
Partei 5   6 % – 600 Stimmen

Rechnen wir diese Stimmverteilung nach D'Hondt in Sitze
um, erhalten wir dieses Resultat (Bitte nachrechnen! Haben wir
uns verrechnet?) (siehe Abb. 5).

Das Ergebnis entspricht in etwa dem, was wir nach unseren
Erfahrungen erwartet haben. Nun kommen zwei Berechnungs-

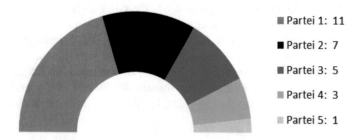

Abb. 5 Fiktive Wahl – Umrechnung nach D'Hondt (Strobl 2016, S. 76)

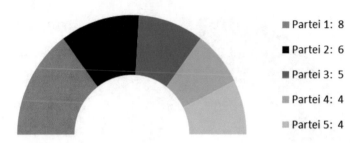

Partei 1: 8

Partei 2: 6

Partei 3: 5

Partei 4: 4

Partei 5: 4

Abb. 6 Fiktive Wahl – Umrechnung mit Exponentialfunktion (Strobl 2016, S. 79)

verfahren, bei denen die Ergebnisse nicht unseren Erwartungen entsprechen. Dabei wurde mit einer Exponentialfunktion und einer Cosinusfunktion experimentiert (siehe Abb. 6).

Nanu? Wenn große Zahlen im Exponenten landen, erwarten wir sehr viel größere Unterschiede. Wie kommen wir zu einer eher gleichen Verteilung von Sitzen? Mit dieser Formel:

$$ m = \left\lfloor 10 \cdot e^{\frac{v}{s}} - 7 \right\rfloor $$

Dabei bezeichnen wir mit s die Anzahl der Stimmen. Sie landet im Nenner des Exponenten, v ist die Summe aller Stimmen und 10 sowie 7 (ausgewählt nach einigem Probieren) sorgen dafür, dass insgesamt 27 Mandate vergeben werden.

Wer also ein Parlament möchte, in dem viele Parteien, auch die „kleinen", etwa gleichstark vertreten sind, wird zu einem solchen Wahlgesetz tendieren. Allerdings dürfte es dann schwer sein, die Wahlberechtigten dazu zu motivieren, eine „große" Partei zu wählen – es bewirkt nicht viel.

Noch anders wird uns das Wahlgesetz mit einem Cosinus als Vorbild für die Stimmverteilung überraschen (siehe Abb. 7).

Hier dreht sich das Wahlergebnis nach Stimmen um eine Sitzverteilung, bei der die stimmenstärksten Parteien weniger Sitze erhalten als die Parteien mit deutlich weniger Stimmen. Wer den Verlauf der Cosinusfunktion im betreffenden Intervall kennt, ist nicht so sehr überrascht. Aber alle werden darin übereinstimmen,

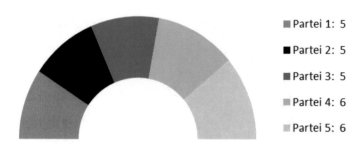

Abb. 7 Fiktive Wahl – Umrechnung mit Cosinusfunktion (Strobl 2016, S. 82)

dass eine solche Formel zur Umrechnung in Sitze ebenso wenig akzeptabel ist wie der Zufall.

Nun folgen noch zwei Beispiele, in denen – realitätsnäher – ein Quorum, eine Mindestanzahl von Stimmen festgelegt wird. Wer weniger als x Prozent der Stimmen erhält, wird bei der Mandatsverteilung nicht berücksichtigt.

Beginnen wir mit einer Sieben-Prozent-Hürde (siehe Abb. 8).

Offensichtlich fliegt Partei 5 raus, auch Partei 3 verliert, während die großen Parteien stärker werden. Heben wir die Hürde auf 13 %, sieht das Ergebnis gemäß Abb. 9 aus.

Die Parteien 4 und 5 erhalten keine Sitze, die beiden großen Parteien 1 und 2 bekommen je zwei Sitze dazu. Ist das „gut"? Für wen? Auch hier empfehlen wir – bei Gelegenheit wiederum

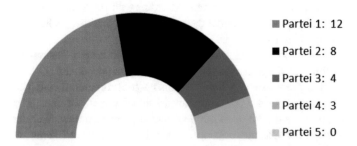

Abb. 8 Fiktive Wahl – D'Hondt mit 7 %-Hürde (Strobl 2016, S. 84)

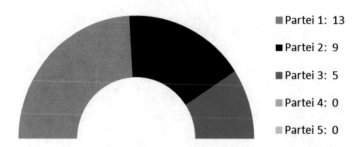

Partei 1: 13

Partei 2: 9

Partei 3: 5

Partei 4: 0

Partei 5: 0

Abb. 9 Fiktive Wahl – D'Hondt mit 13 %-Hürde (Strobl 2016, S. 85)

in Kooperation mit einer Kollegin oder einem Kollegen, welche/r den Unterrichtsgegenstand Politische Bildung lehrt – eine offene Diskussion in der Schulklasse.

Im Hinblick auf das Modellieren mit Mathematik sollten die Schülerinnen und Schüler nun begriffen haben, dass sehr unterschiedliche – jeweils rechnerisch korrekte – Möglichkeiten bestehen, Stimmen in Sitze umzurechnen. Welche Möglichkeit als Wahlgesetz beschlossen wird, hängt u. a. von Grundüberzeugungen und gültigen Verfassungen ebenso ab wie von je aktuellen (eventuell auch verfassungsändernden) Mehrheiten.

Übersicht

Nun sind Sie an der Reihe, eine Stimmverteilung nach einem einfachen Mehrheitswahlrecht durchzuführen. Wählen Sie bitte eine aktuelle Wahl und suchen Sie die Ergebnisse. Dann vergeben Sie die zu verteilenden Sitze nach folgendem Prinzip: Die Partei, die in einem Wahlkreis die meisten Stimmen erhält, bekommt alle Sitze für diesen Wahlkreis. Etwas einfacher wird die Verteilung, wenn es pro Wahlkreis in ihrem Parlament nur eine Stimme gibt. Anschließend fassen Sie Ihr Ergebnis zusammen, indem Sie alle Sitze der jeweiligen Parteien addieren.

Lösungsbeispiel: Wir haben die Landtagswahl in Bayern im Jahre 2018 gewählt. Das Ergebnis in Prozenten und Sitzen finden wir z. B. hier: https://de.wikipedia.org/wiki/

Wahl_zum_19._Landtag_in_Bayern oder hier: https://
www.wahlrecht.de/news/2018/landtagswahl-bayern-2018.
html.

Wenn Sie nun die Aufgabe lösen und Mandate nach
Mehrheiten in den 7 Wahlkreisen vergeben wollen, die
ihrerseits in 91 Stimmkreise unterteilt sind, werfen Sie
einen Blick auf diese Seite im Internet: https://www.land-
tagswahl2018.bayern.de/.

Haben Sie dasselbe Ergebnis? Offenbar hätte die CSU
mit einem Mehrheitswahlrecht in Bayern eine sehr hohe
Mehrheit der Sitze im Bayrischen Landtag. Sie würde
85 der 91 Stimmkreise für sich gewinnen – und das bei
37,2 % der Stimmen.

Zusatz: Wahlkreiseinteilungen und Wahlergebnisse

In den USA wird immer wieder heftig darüber gestritten, wie
Wahlkreisgrenzen gezogen werden. Damit es ein wenig ver-
ständlicher wird, weshalb solche Grenzziehungen Einfluss auf
die Vertretung eines Teils eines Landes im nationalen Parlament
haben können, schlagen wir vor, folgendes fiktives und bewusst
vereinfachtes Modell zu thematisieren.

Stellen Sie sich vor, im „Rechteckland" gibt es nur zwei
Parteien mit den Namen A und B. Aufgrund von Ergebnissen
vorheriger Wahlen und Meinungsforschungen wissen Sie als
Mitglied der Regierungspartei (sagen wir Partei A), dass Ihre
Wähler mehr im Osten als im Westen des Landes wohnen. Im
Zentrum des Landes haben Sie eine knappe Mehrheit – deshalb
sind Sie jetzt Regierungspartei. Abb. 10 zeigt Rechteckland.

Im Westen ist Partei A stärker (großes A, kleines B), im
Osten Partei B (großes B, kleines A). Die fünf Wahlkreise W_1
bis W_5 teilen das Land etwa gleichmäßig – alle sind bei Wahlen umstritten (d. h., es ist nicht schon vor der Wahl klar, welche
Partei in diesem Wahlkreis voraussichtlich gewinnen wird).

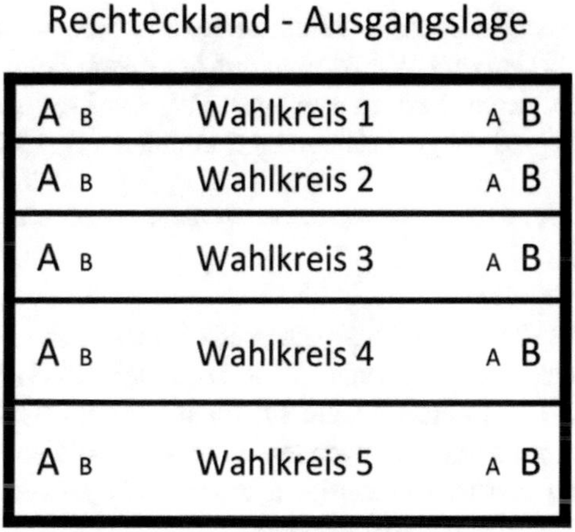

Rechteckland - Ausgangslage

A B	Wahlkreis 1	A B
A B	Wahlkreis 2	A B
A B	Wahlkreis 3	A B
A B	Wahlkreis 4	A B
A B	Wahlkreis 5	A B

Abb. 10 Skizze Rechteckland – alte Wahlkreiseinteilung

Nun möchten Sie als Regierung dafür Sorge tragen, dass Sie die nächste Wahl auf jeden Fall gewinnen. Denken Sie jetzt nicht an einzelne politische Vorhaben. Mit welcher Änderung der geografischen Wahlkreiseinteilung sichern Sie den Erfolg? Haben Sie eine Lösung? In einer Schulklasse ist die Suche nach einer Lösung eine herausfordernde Aufgabe für eine Gruppenarbeit. Wir bieten Ihnen hier einen Vorschlag (siehe Abb. 11).

Rechteckland – neue Wahlkreise

A B	A B	A B	A B	A B
Wahl kreis 1	Wahl kreis 2	Wahl kreis 3	Wahl kreis 4	Wahl kreis 5

Abb. 11 Skizze Rechteckland – neue Wahlkreiseinteilung

Mit einer solchen Wahlkreiseinteilung können Sie damit
rechnen, in den drei Wahlkreisen auf der linken Seite (die westlichen) auf jeden Fall zu gewinnen. W_4 wird ein umstrittener
Wahlkreis, und W_5 geht sehr wahrscheinlich an Partei B.

Ausblick

Wenn das Thema „Wahlmathematik" fasziniert, lassen sich
auch andere Bespiele behandeln, etwa der UN-Sicherheitsrat
(Vetorecht), ein Zensuswahlrecht (für bestimmte Bevölkerungs-
gruppen, etwa die Besitzenden oder die Adligen, sind fixe
Anteile an den Parlamentssitzen reserviert) oder die speziellen
Wahlrechte im alten Griechenland.

Anmerkungen

1. Vielleicht fragen Sie sich jetzt, was an einer Nationalratswahl
   in Österreich aus dem Jahre 2013 für Schülerinnen und Schüler aus Hamburg, Köln, Berlin, Stuttgart oder München interessant sein soll, die im Jahre 2020 plus x in die Schule gehen?
   Die Antwort ergibt sich zwingend aus dem gewünschten
   Realitätsbezug. Der ist ganz offensichtlich sehr viel motivierender, wenn die im Unterricht verwendeten Daten aus dem
   unmittelbaren Umfeld der Beteiligten stammen. Nun weiß
   niemand, wie im Jahre 2037 irgendwelche Wahlen ausgehen
   werden. Es kann also nicht ein zeitlos gültiger und ortunab-
   hängiger **realitätsbezogener** Unterrichtsvorschlag gedruckt
   werden, der ohne Adaptierung, ohne aktuelle und ortsbe-
   zogene Daten so einfach im Unterricht eingesetzt werden
   kann wie eine Übungsaufgabe zur Bruchrechnung oder zur
   Prozentrechnung ohne Realitätsbezug. Ein gedruckter Vorschlag kann exemplarisch aufzeigen, wie ein Unterricht
   ablaufen kann. Ein ganz wichtiger Bestandteil eines solchen
   Unterrichts ist dann aber, dass die Lernenden selbst sich die
   für sie relevanten aktuellen Daten beschaffen. Um es noch
   einmal an einem anderen Beispiel zu sagen. Eine Unterrichtseinheit über Strom- oder Handytarife ist nur dann wirklich

motivierend, wenn die je aktuellen Tarife thematisiert werden und nicht die, die vor 20 Jahren irgendwo anders gültig waren.

Literatur

Strobl L (2016) Wahlmathematik. Vergleich der beiden Wahlsysteme Verhältniswahlrecht und relatives Mehrheitswahlrecht. JKU, Linz
https://de.wikipedia.org/wiki/D%E2%80%99Hondt-Verfahren

Mathematik, Physik und Sport: Projekte rund ums Spielen mit einem Ball

Jürgen Maaß

Eine Videoanalyse von Bewegungsabläufen gehört heute ganz selbstverständlich zum Profitraining im Sport. Offenbar trägt es zur Leistungssteigerung bei, ganz genau (mit Zeitlupe und Vergrößerung) hinzuschauen, ob ein Aufschlag beim Tennis, ein Abstoß beim Fußball, eine Angabe beim Volleyball oder Tischtennis optimal abläuft. Wie kann die Motivation, die davon ausgeht, auch für den Mathematikunterricht genutzt werden? Durch Projekte, wie sie im Folgenden skizziert werden: Exemplarisch wird eine wichtige Aktivität, wie etwa der Abstoß beim Fußball, ausgewählt, genau analysiert und systematisch verbessert.

Wenn ein solches Thema für den Mathematikunterricht vorgeschlagen wird, werden ganz typische Fragen zu beantworten sein, etwa:

1. Wie geht denn so etwas im Mathematikunterricht?
2. Ist das nicht Thema des Sportunterrichts?
3. Wo kommt dabei überhaupt Mathematik vor?
4. Haben wir denn angesichts der Stofffülle überhaupt Zeit für solch ein Projekt?
5. Ist das erlaubt?

J. Maaß (✉)
School of Education, Institut für Didaktik der Mathematik,
Johannes Kepler Universität Linz, Linz, Österreich
E-Mail: juergen.maasz@jku.at

© Springer-Verlag GmbH Deutschland, ein Teil von Springer
Nature 2019
J. Maaß (Hrsg.), *Attraktiver Mathematikunterricht,*
https://doi.org/10.1007/978-3-662-60479-3_5

6. Kann denn eine Mathematiklehrerin oder ein Mathematiklehrer so etwas?
7. Wie viel Extraarbeitszeit ist notwendig, um das alles vorzubereiten?
8. Wie sollen hinterher gerechte Zensuren für die Leistungen der Schülerinnen und Schüler gegeben werden?

Ad 1) Wie geht denn so etwas im Mathematikunterricht?

Zum Themenbereich Mathematik und Sport bzw. Beispiele aus dem Sport als Thema eines realitätsbezogenen Mathematikunterrichts gibt es eine Vielzahl von Vorschlägen und Unterrichtserfahrungen, nachzulesen etwa in den Bänden der ISTRON-Reihe (http://www.istron.mathematik.uni-wuerzburg.de/istron/index.html@p=1033.html) oder bei der MUED (https://www.mued.de). Die Bandbreite der benötigten Mathematik ist groß: Sie reicht von Statistik, wie sie heutzutage bei jedem Fußball- oder Tennisspiel eingeblendet wird, über Wahrscheinlichkeit (Sportwetten) und Geometrie (wie müssen im Stadion die Startpunkte gesetzt werden, damit beim 400-m-Rennen tatsächlich alle 400 m laufen?) bis hin zur Analysis, mit der gekrümmte Linien (etwa die Flugbahn eines Balles) berechnet werden können. Mit diesen wenigen Beispielen ist keinesfalls die ganze Vielfalt der Berührungspunkte von Mathematik und Sport abgedeckt; ein großer, hier nur angedeuteter Themenkomplex ist Trainingsoptimierung, Ernährung und Gesundheit (versus Doping). Auch die Sportmedizin stützt sich stark auf Mathematik (Daten über Herz, Kreislauf, Atmung, etc. werden ausgewertet).

Die in diesem Beitrag vorgeschlagenen Projekte sind thematisch eng gebündelt. Sie konzentrieren sich darauf, die Bewegung eines Sportgerätes computergestützt zu analysieren. In diesem Beitrag wird das Gemeinsame des Bündels von Vorschlägen betont; die Details zu den einzelnen Sportarten bzw.

Projekten finden sich in den folgenden Diplomarbeiten, die in den letzten Jahren an der Johannes-Kepler-Universität in Linz erfolgreich abgeschlossen wurden. Die Alterszuordnung ist demgemäß die Oberstufe. Die Lernenden brauchen Analysisgrundkenntnisse.

Lisa Eder	Die Mathematik des Elfmeters. Ein fächerübergreifender Unterrichtsentwurf zum Thema Fußball, Diplomarbeit JKU Linz 2018
Teresa Gerstmayr	Mathematisches Modellieren der Hot-Shots beim Tennis, Diplomarbeit JKU Linz 2018
Daniela Irena Hammer	Der Aufschlag der Mathematik. Mathematisches Modellieren des Volleyballaufschlags, Diplomarbeit JKU 2019
Sabine Karacsony	Mit Pfeil und Bogen zur Mathematik: Ein projektorientierter Unterricht mit Modellierungen des Bogensports, Diplomarbeit JKU Linz 2017
Alexander Novak	Pfeilgerade in die Mathematik. Ein modellierender, problemlöseorientierter Projektunterricht zum Thema Bogensport, Diplomarbeit JKU Linz 2018
Alexander Mayr	Mathematisches Modellieren des Punts beim American Football, Diplomarbeit JKU Linz 2017
Kevin Thaller	Mathematisches Modellieren der Flugbahn eines Torwartabstoßes beim Fußball, Diplomarbeit JKU Linz 2018
Andreas Trappmair	Mathematisches Modellieren des Tischtennisaufschlags: Projektunterreicht mit Videoanalysen, Diplomarbeit JKU Linz 2016

Ad 2) Ist das nicht Thema des Sportunterrichts?

Ideal wäre es, ein solches Projekt die Unterrichtsfächer Mathematik, Physik und Sport übergreifend durchzuführen. In einigen Schulen gibt es für solche Vorhaben eigens reservierte Projektwochen. Im Schulalltag sind solche von der Routine abweichende Projekte schwerer zu organisieren. Aber im Prinzip sind die vorgeschlagenen Projekte auch nur im Mathematikunterricht durchführbar.

Ad 3) Wo kommt dabei überhaupt Mathematik vor?

Mathematik ist hier wie in vielen anderen Fällen die unsichtbare, aber zentrale Wissenschaft und treibende Kraft im Hintergrund. Wer denkt an Mathematik, wenn ein Auto, Smartphone oder Computer benutzt wird? Tatsächlich wird kein modernes technisches Gerät ohne den Einsatz von ganz viel Mathematik erfunden, gebaut und verwendet. Wie passen all die Bauteile in ein Handy? Das wird mathematisch optimiert! Wie werden Signale gesendet und empfangen? Mit viel Mathematik! Wie werden Reifenprofile oder Motorenleistungen optimiert? Mit viel Mathematik! Woher weiß das GPS-System, wo wir gerade sind? Es verwendet sehr viel Mathematik, etwa um Satellitenbahnen exakt zu berechnen. Mehr zur Mathematik als Basis aller „Neuen Technologien" finden Sie am Beispiel der Sonde „New Horizons" hier im Buch, Beispiel 6.

In den hier behandelten Sportbeispielen geht es um die Bewegung von Bällen etc. Die Physik (Mechanik) bietet eine Reihe von Formeln, die mithilfe der Mathematik formuliert wurden. Diese Formeln ermöglichen es, Bewegung, Geschwindigkeit und Kräfte, die auf ein Objekt einwirken, sehr genau zu beschreiben. Mithilfe einer solchen Formel kann eine Vermutung begründet werden: Wo wird z. B. ein geworfener Ball landen? Es kann sogar eine Bahnkurve berechnet werden, die den Flug des

Balles zeigt. Mithilfe von Videoaufnahmen (bei denen wiederum ganz viel Mathematik zum Aufnehmen und Speichern der Bilder angewendet wird) und ihrer Analyse können dann die vermutete und die reale Bahnkurve verglichen werden. Dann entstehen Fragen: Weshalb fliegt der Ball nicht so weit wie angenommen? Weshalb folgt seine Bahn nicht wie vermutet einer exakten Parabel? Liegt es am Luftwiderstand, an dem Geschwindigkeitsverlust, der durch Reibung entsteht? Auch dafür gibt es Formeln aus der Physik. Eine Prognose wird damit genauer, die Übereinstimmung mit der Realität (der realen Flugbahn) besser.

Tatsächlich lernen die Schülerinnen und Schüler im Zuge eines solchen Projektes sehr viel über die Anwendung von Mathematik in der Realität. Kurz gesagt lernen sie die wesentlichen Schritte naturwissenschaftlicher Forschung. Also gehört ein solches Projekt auf jeden Fall in den Mathematikunterricht!

Ad 4) Haben wir denn angesichts der Stofffülle überhaupt Zeit für solch ein Projekt?

Selbstverständlich! Solche Projekte sind ausdrücklicher Wunsch des Gesetzgebers und finden sich deshalb als Teil der Stofffülle (und nicht als zusätzliches Extra) in allen Lehrplänen. Zudem zeigen Forschungen zum Thema Erwachsene und Mathematik, dass solche Projekte viel eher als irgendwelche anderen, üblicherweise als Teil der Stofffülle unterrichteten Inhalte des Mathematikunterrichts **nachhaltige und positive Lerneffekte** erzielen.

Ad 5) Ist das erlaubt?

Selbstverständlich – es ist sogar gefordert. Die Frage „Ist das erlaubt?" wird mir im Zuge von Lehrerfortbildungen oft gestellt. Sie ist oft ein Hinweis darauf, dass nicht alle Lehrenden von solchem Unterricht überzeugt sind und formale Gründe suchen, um Anforderungen in dieser Richtung abzuwehren.

Ad 6) Kann denn eine Mathematiklehrerin oder ein Mathematiklehrer so etwas?

Leider sind „Projekte im Mathematikunterricht" nicht immer oder nur selten im Lehrplan für die Mathematikstudierenden enthalten. Selbstverständlich lässt sich etwas leichter und problemloser unterrichten, wenn im Studium darauf vorbereitet wird. Etwas nicht im Studium gelernt zu haben, darf aber für Akademiker und Akademikerinnen kein Grund sein, etwas nicht im Rahmen von Lehrerfortbildung oder im Selbststudium zu lernen. Für andere Berufe wie Medizin oder Technik ist das ganz selbstverständlich. Wenn ich zum Arzt gehe, erwarte ich völlig zu Recht, nach dem möglichst aktuellen Stand der Wissenschaft behandelt zu werden – und nicht nach dem, was zur Zeit des Studiums dieses Arztes oder dieser Ärztin aktuell war. Und wo bliebe z. B. der Automobilbau, wenn immer die Autos so gebaut würden wie zu Beginn des 20. Jahrhunderts?

Ad 7) Wie viel Extraarbeitszeit ist notwendig, um das alles vorzubereiten?

Für viele Lehrerinnen und Lehrer ist es Ehrensache, sich im Zuge der Unterrichtsvorbereitung ganz genau zu überlegen, welche Inhalte in einer Stunde vorkommen können und welche Lösungen für die gestellten Aufgaben richtig sind. Das klingt nach mehr Aufwand, als es tatsächlich ist, wenn in der vorzubereitenden Stunde auf der Grundlage eines Schulbuches und eines Buches mit den Lösungen der Aufgaben aus dem Schulbuch Aufgaben geübt werden sollen. Im Unterschied zu einer solchen Stunde steigt der Aufwand erheblich, wenn offener realitätsbezogener Mathematikunterricht geplant werden soll, in dem die Schülerinnen und Schüler mitbestimmen, ob ein weiterer Modellierungsversuch mit neuen Annahmen oder zusätzlichen Daten gestartet werden soll. Wenn die Lehrkraft in einem solchen Unterricht alle möglichen Fragen und Ideen zur

Modellierung vorausplanen und Ergebnisse von Berechnungen schon vorher ausgerechnet haben will, steigt der Arbeitsaufwand kaum überschaubar stark an. Aus meiner Sicht kann eine sinnvolle Konsequenz nur darin bestehen, die Art der Vorbereitung und des Unterrichts zu ändern. Was ist damit gemeint? Die Lehrkraft konzentriert ihre Vorbereitung auf die grundsätzliche Vorüberlegung und arbeitet dann im Projekt mit der Klasse zusammen. Dadurch ändert sich die Rolle der Lehrkraft, sie ist nicht mehr zugleich für alle inhaltlichen und organisatorischen Aspekte verantwortlich, muss nicht alle Fragen sofort richtig und vollständig beantworten und konzentriert sich darauf, den Schülerinnen und Schülern zu helfen, selbst die Fragen zu stellen und zu beantworten und die dazu notwendigen Daten zu beschaffen.

Ist es schlimm, eine Art von Unterricht vorzuschlagen, der den Lehrkräften mehr Arbeit macht als „normaler" Unterricht? Nein! Weshalb? Die Lehrkräfte werden durch Erfolgserlebnisse im Unterricht und positive Rückmeldungen der Schülerinnen und Schüler reichhaltig belohnt. Wie alle Menschen sind auch Lehrerinnen und Lehrer gern bereit, etwas extra für ihren Beruf zu tun, wenn sie merken, dass es sich lohnt, dass etwas Gutes dabei herauskommt, was sonst nicht erreicht wird.

Ad 8) Wie sollen hinterher gerechte Zensuren für die Leistungen der Schülerinnen und Schüler gegeben werden?

Leistungsbeurteilung und Qualifikation gehören in der Schule zusammen wie die beiden Seiten einer Münze. Deshalb soll Projektunterricht auch nicht von Leistungsbeurteilung ausgenommen werden. Naheliegend ist es, das Produkt bzw. ein Teilprodukt eines Projektes zu bewerten. Weniger naheliegend und nicht so üblich sind Aufgaben, in denen die so wichtige Modellierungskompetenz geprüft wird. Eine ganze Sammlung solcher Aufgaben findet sich bei R. Bruder (vgl. http://madaba. de/).

Typischer Projektverlauf – eine Skizze zur Orientierung

Eine der wichtigsten Einsichten in das Wesen der Mathematikdidaktik ist die Tatsache, dass es keine Idealrezepte für perfekten
Unterricht gibt, weil die Situation in verschiedenen Schulen und
Klassen ebenso unterschiedlich ist wie die jeweilige Befindlichkeit der beteiligten Lehrenden und Lernenden. Wer meint, einen
besonders guten Unterricht vorzuschlagen, der gleichsam automatisch gut gelingt, wenn dieses Computerprogramm, jene stoffdidaktische Strategie oder diese Unterrichtsmethode verwendet
wird, irrt schon deshalb, weil in solchen Idealrezepten die je
spezifische Situation gar nicht berücksichtigt werden kann. Ob
und wie eine Lehrkraft einen Unterrichtsgang wie den im Folgenden skizzierten in der eigenen Schulklasse umsetzen kann
und will, hängt von ihr selbst und vielen anderen Faktoren ab.

Phasen der Projektdurchführung

Als sehr hilfreich für die Planung und Durchführung hat sich ein
„Grundsatzerlass zum Projektunterricht" des Österreichischen
Bundesministeriums für Bildung aus dem Jahre 2001 (Bundesministerium für Bildung 2001) erwiesen, der ein Projekt in verschiedene Phasen einteilt und erläutert, was in den einzelnen
Phasen wie geschehen soll.

Phase 1: Projektidee/Themenfindung

„Wichtig ist, dass das Interesse aller Beteiligten geweckt werden
kann und genügend Zeit zur Verfügung steht, damit sich LehrerInnen und Schülerinnen und Schüler gemeinsam auf ein Thema,
das sie bearbeiten, oder auf ein Problem, das sie lösen wollen,
einigen können" (Bundesministerium für Bildung 2001).

   Am Anfang steht die Motivation: z. B. durch ein Turnier
wie die Fußball-WM, der Erfolg eines Vorbildes wie bei den

Tennisspielern Thomas Muster oder Dominic Thiem oder beim Tischtennisweltmeister Werner Schlager. Das besondere Interesse, das durch solche Ereignisse oder Personen geweckt wird, zeigt sich deutlich in den entsprechenden Vereinen, die großen Zulauf verzeichnen. Auch in der Schule wird darüber geredet, allerdings meist nur in den Pausen. Was können Lehrende tun, um die Motivation für den Mathematikunterricht zu nutzen? Sie starten ein Projekt, etwa um den Aufschlag beim Tischtennis, den Elfmeter beim Fußball etc. zu untersuchen und zu verbessern.

Das Projektziel ist mehrdimensional, es geht um die Verbesserung der eigenen sportlichen Leistung, das Erlernen selbstständiger Arbeit im Projekt, die Erprobung naturwissenschaftlicher Forschungsmethoden und nicht zuletzt um mathematisches Modellieren. Wenn ein solches Projekt gelingt, bewirkt es erfahrungsgemäß einen nachhaltigen Lernerfolg in all diesen und anderen Dimensionen.

Phase 2: Zielformulierung und Planung

„Durch die Formulierung von Zielen werden auch die unterschiedlichen Interessen sichtbar, können Unterthemen diskutiert und ein anzustrebendes Ergebnis festgelegt werden. Die vorhandenen Rahmenbedingungen und Ressourcen müssen analysiert werden und in der Planung Berücksichtigung finden, die Verantwortlichkeiten für die einzelnen Teilbereiche müssen festgelegt werden" (Bundesministerium für Bildung 2001).

Im Hinblick auf das für Schule ganz zentrale allgemeine Lernziel „Selbstständigkeit" ist es in dieser Phase besonders wichtig, den Schülerinnen und Schülern die Möglichkeit zu geben, selbst über den Projektablauf, die Planung und Durchführung zu bestimmen. Nur so können sie lernen, nach der Schule selbst das Gelernte in Beruf und Alltag sinnvoll zu nutzen.

Wenn etwa das Thema **Fußball** gewählt wird, kommt es in dieser Phase darauf an, nach einem allgemeinen Brainstorming (Was könnte alles dazu gehören? Was wollen wir erreichen?

Etc.) die Möglichkeiten und Wünsche so zu sortieren, dass eine
überschaubare Frage zum Start übrig bleibt, etwa: Wie können
wir einen Abstoß oder einen Elfmeter/Strafstoß optimieren?

Phase 3: Vorbereitungszeit

„Diese Zeit dient der umfassenden Informationsbeschaffung,
der Besorgung notwendiger Arbeitsmaterialien, der Planung von
Exkursionen, Diskussionen mit Fachleuten, Filmvorführungen
u.ä. Im Zuge dieser Vorbereitungsarbeiten können sich organi-
satorische oder inhaltliche Änderungen am Projektplan als notwendig erweisen" (Bundesministerium für Bildung 2001).

Im nächsten Schritt wird dann überlegt, was getan werden kann, um eine solche Frage zu beantworten. Dazu gehören
von den Lernenden möglichst selbst gefundene und formu-
lierte Arbeitsaufträge, etwa eine Suche in passender Literatur
oder Videos von Fußballspielen, ein Interview mit einem „Profi"-Spieler oder einer -Spielerin oder auch mit einem Trainer
oder einer Trainerin, einige Versuche auf dem Sportplatz und
eine verbindliche Vereinbarung, wer bis wann was macht und
wie die Ergebnisse der Klasse vorgelegt werden. Aufgrund der
Ergebnisse der ersten, eher offenen Suchphase wird gemeinsam
gesichtet, was erreicht wurde, und überlegt, wie genau es weitergehen soll.

In Bezug auf den Elfmeter kann als Ergebnis dieser Phase
etwa der Ausgangswunsch in eine ganze Reihe von Detail-
fragen gegliedert werden, die wiederum zu Arbeitsaufträgen ausgearbeitet werden. Zum Beispiel ist es ohne Zweifel hilfreich
zu erfahren, was die Physik zur Bewegung des Balles aussagen
kann. Wie lange braucht der Ball, wenn er mit einer bestimmten
Geschwindigkeit Richtung Tor fliegt? Welche Geschwindigkeiten sind realistisch? Was beeinflusst die Geschwindigkeit und
die Flugbahn? Was folgt daraus für die Reaktionsmöglichkeiten
des Torwarts? Wie ist das Verhältnis von Geschwindigkeit und
Präzision? Etc.

Phase 4: Projektdurchführung

„In diesem Abschnitt wird die inhaltliche Hauptarbeit geleistet. Die geplanten Vorhaben werden von den Schülerinnen und Schülern in unterschiedlichen Sozialformen möglichst selbstständig durchgeführt, die LehrerInnen stehen dabei als koordinierende Berater(innen) und Expert(innen) und als ‚Konfliktmanager(innen)' zur Verfügung. Während dieser Zeit ist es besonders wichtig, in (kurzen) Reflexionsphasen (‚Fixpunkten') Erfahrungen und Zwischenergebnisse auszutauschen, aufgetretene Probleme zu besprechen, koordinierende Maßnahmen zu setzen und den Verlauf des Projekts und die emotionale Befindlichkeit der Projektmitarbeiter(innen) zu überprüfen" (Bundesministerium für Bildung 2001).

Wie bereits erwähnt, sind Unterrichtssituationen sehr speziell, also nicht im Sinne eines Kochrezeptes vorschreibbar. Ich kann und will deshalb an dieser Stelle nicht so etwas wie den Idealablauf eines Projektes vorschreiben. Ich konzentriere mich auf einige Teilaspekte, die Bestandteil eines Projektes sein können.

Eine Videoanalyse kann hilfreich und motivierend sein. Einen Fußball beim Abstoß oder Elfmeter, einen Tischtennisball oder Tennisball nach dem Aufschlag oder gar einen Pfeil während des Fluges zu filmen, ist eine nicht so leichte Aufgabe. Weshalb? Wenn das Video anschließend ausgewertet werden soll, muss die Aufnahme verschiedenen Kriterien genügen. Ganz einfach: Das fliegende Objekt muss überhaupt zu sehen sein. Wenn es um einen Bewegungsablauf geht (etwa eines Fußes, einer Hand oder eines Schlägers in der Hand), müssen genügend viele scharfe Bilder pro Sekunde aufgezeichnet werden. Glücklicherweise schaffen das heute schon gute Smartphonekameras. Die Schulklasse braucht also keine teure Profifilmausrüstung. Allerdings zeigen die ersten Filmversuche, dass es mit hinreichend guten Aufnahmegeräten nicht getan ist. Das Filmteam muss auch überlegen, wo es die Kamera postiert, damit die Ausleuchtung passt (ein dunkler Ball vor einem dunklen Hintergrund ist offenbar schwer zu erkennen). Bald zeigt sich auch, dass scharfe Bilder etwas mit einer stabilen Kameraführung zu tun haben. Wer versucht, dem Ball mit einer Bewegung zu folgen, darf sich über verwackelte Bilder nicht wundern. Die Erfahrung lehrt, dass ein passend positioniertes Stativ sehr nützlich sein kann.

Auch der gewünschte Bildausschnitt ist wichtig: Soll der Ball in Großaufnahme an der Stelle gefilmt werden, wo er vom Fuß, von der Hand oder dem Schläger getroffen wird? Oder soll die ganze Flugbahn zu sehen sein? Die Position des Aufnahmegerätes in Bezug auf die Flugbahn hat wieder etwas mit Mathematik zu tun. Wenn die Kamera bei der Aufnahme neben dem Spieler oder der Spielerin (oder nahe dabei) steht, verfolgt die Kamera den sich entfernenden Ball aus einem spitzen Winkel – also gibt es auf dem Video eine durch den Aufnahmewinkel mehr oder weniger stark verzerrte Flugbahn.

Was machen die Lernenden mit den Videos, auf denen schön zu sehen ist, wie der Ball nach dem Abstoß oder Aufschlag fliegt? Sie nutzen eine passende Software, die dabei hilft, die Informationen aus dem Video mathematisch zu analysieren. Einige Studierende haben „Tracker" (https://physlets.org/tracker/) verwendet, eines von mehreren für solche Zwecke entwickelten Softwarepaketen mit dem großen Vorteil „kostenlos". Es kostet allerdings ein wenig Mühe, das Paket gut einzusetzen. Die Hauptarbeit ist, dem Programm im Video mitzuteilen, welches Objekt im Video verfolgt werden soll. Die Anforderungen des Programms machen das Aufnehmen etwas herausfordernder, sind aber im Rahmen eines Schulprojektes durchaus erfüllbar. Wenn es gelingt, liefert das Softwarepaket eine Abfolge von Koordinaten und einen Vorschlag für eine Funktion, die die Bewegung des Objektes beschreibt.

All diese Erfahrungen und Konsequenzen daraus für bessere Aufnahmen können und sollen die Lernenden selbst machen. Der Nutzen „für das Leben lernen" liegt auf der Hand.

Übersicht

Möchten Sie sich an ein etwas anspruchsvolleres Projekt wagen? Dann nehmen Sie bitte einen Ball und eine Kamera (z. B. die im Handy) und filmen Sie die Bewegung des geworfenen Balls. Als Nächstes holen Sie sich „Tracker" oder ein ähnliches Programm aus dem Internet und versuchen dem Programm zu erklären, wo im Video der Ball ist. Zur Belohnung gibt Ihnen das Programm eine Kurve samt Funktionsgleichung.

Viel einfacher (und insbesondere ohne Computer und ohne Analysis) können Sie folgendes Experiment starten: Lassen Sie einen Ball rollen. Nehmen Sie für die Startbeschleunigung einen Karton, falten Sie ihn in der Mitte so, dass der Ball geradeaus eine Rinne entlang läuft, und halten Sie ihn etwas schräg. Wenn Sie den Karton immer gleich hoch halten und den Ball immer von derselben Stelle losrollen lassen, können Sie die Reibung vergleichen: In der Wohnung auf den verschiedenen Bodenbelägen, außerhalb auf Rasen, Kies, Beton etc.

Das kann dann mit der Erwartung (aufgrund von Informationen aus der Physik) verglichen werden. Es ist sehr unwahrscheinlich, dass gleich der erste Versuch die Erwartungen erfüllt. Wiederum ergeben sich aus den Projektzielen und den nichterfüllten Erwartungen an die ausgewerteten Daten neue Fragen und neue Ideen zur Verbesserung der Versuchsbedingungen, der Balltechnik, der Aufnahmebedingungen etc. Insgesamt kann das ein sehr lehrreicher Projektverlauf werden, in dem die Lernenden erfahren, dass sie selbst mit einiger Mühe forschend und experimentierend zu Erfolgen kommen.

Ich wähle für die folgenden Ausführungen ein Beispiel aus dem Tennissport. Wie bei allen Bewegungen ist aus der Physik bekannt, dass sich Bewegungen überlagern: Die Kraft, die jemand auf den Ball durch den Aufschlag ausübt, bringt ihn in Bewegung (möglichst ins Aufschlagfeld auf der anderen Seite des Netzes). Gleichzeitig möchte die große Mutter Erde ihn zu sich ziehen. Das ergibt die klassische Wurfparabel (siehe Abb. 1).

Teresa Gerstmayr hat die Kurve mithilfe des Softwarepakets GeoGebra gezeichnet und zwei Schieberegler eingebaut, die zum Experimentieren einladen. Die eingestellten Parameter in Abb. 1 zeigen einen relativ flachen und schnellen Schlag, der ohne Luftwiderstand knapp ins *Aus* gehen würde.

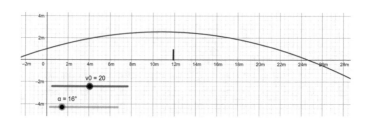

Abb. 1 Wurfparabel 1 (Gerstmayr 2018, S. 35)

In Abb. 2 fliegt der Ball hoch und langsam knapp hinter das Netz. Einen solchen Aufschlag sieht man im Profitennis nicht, weil bei solchen Schlägen viel Zeit für Reaktionen bleibt.

Die Videoaufnahme zeigt, dass der reale Tennisball nicht dieser Kurve folgt, er berührt den Boden früher. Die Schülerinnen und Schüler überlegen, fragen in der Physik oder suchen in der Literatur und finden als Erklärung den Hinweis auf den Luftwiderstand. Er wirkt als eine dritte Kraft bremsend – genau entgegen der Flugrichtung (siehe Abb. 3).

Die Differenz der beiden Flugbahnen beträgt fast 5 m – der Ball landet nicht im *Aus,* sondern weit vor der Linie.

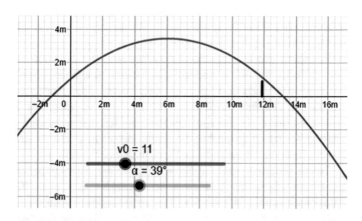

Abb. 2 Wurfparabel 2 (Gerstmayr 2018, S. 35)

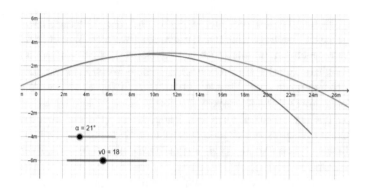

Abb. 3 Modell mit Luftwiderstand (Gerstmayr 2018, S. 52)

Die Schülerinnen und Schüler besorgen sich die entsprechende Formel und kommen im Modell der realen Flugbahn näher. Aber es passt noch nicht genau. Also suchen sie weiter und erfahren etwas über den Magnus-Effekt. Er entsteht durch die Reibung an der Oberfläche des Balls. Je schneller der Ball sich dreht, desto mehr wirkt diese geheimnisvolle Kraft. Sie suchen nach einer Formel für das, was im Tennistraining gelehrt wird: Wenn dem Ball mit dem Schläger durch eine leichte Drehung ein Spin versetzt wird, fliegt er schneller oder langsamer: Topspin oder Slice.

Wenn solche Effekte selbst gefilmt werden sollen, entstehen neue Anforderungen an die Planung der Filmaufnahmen. Die Drehung eines einfarbigen Balles ist im Video nicht zu erkennen. Also braucht es einen kreativen Einfall (siehe Abb. 4).

Abb. 4 Bunte Bälle (Gerstmayr 2018, S. 24)

Wenn die Beleuchtung stimmt und die Filmaufnahmen gelingen, kann gezählt und ausgewertet werden. Wer möchte, kann auch im Internet suchen und Daten darüber finden, mit welchem Topspin ein Profi arbeiten kann – Werte bis etwa 5000 Umdrehungen pro Minute (Gerstmayr 2018, S. 59) werden genannt. Der zweite Aspekt der Suche in der Literatur ist der nach einer physikalischen Erklärung. Diese geht auf Heinrich Gustav Magnus zurückgeht, der diesen Effekt im Jahre 1852 als Erster erklären konnte (vgl. Rathje 2006). Abb. 5 hilft zum Verständnis.

Nun wird es mathematisch schwierig, wenn wir die verschiedenen Kräfte wirken lassen und analytisch die Bahnkurve berechnen, also den Ort, wo sich der Ball nach einer gewissen Zeit befindet. Gerstmayr (2018, S. 60) fasst es so zusammen:

Wenn wir nun alle Kräfte, $\vec{F}_g$, $\vec{F}_{lw}$, $\vec{F}_{Mag}$, betrachten, ergibt sick insgesamt

$$\vec{F} = \vec{F}_g + \vec{F}_{Mag} + \vec{F}_{lw}$$

Mit dem folgenden vektoriellen Differentialgleichungssystem unserer Flugbahn (Brody et al. 2002, S. 375):

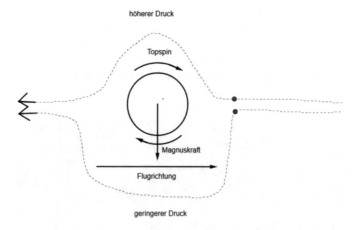

Abb. 5 Magnuskraft (Gerstmayr 2018, S. 60)

$$m\dot{v}_x = \frac{1}{2}A_\rho \sqrt{v_x^2 + v_y^2}(-C_w v_x + C_M v_y)$$

$$m\dot{v}_y = \frac{1}{2}A_\rho \sqrt{v_x^2 + v_y^2}(-C_M v_x \mp C_w v_y) - mg$$

Mit diesen Formeln wird der Bereich der Oberstufenmathematik überschritten. Um die beiden Koordinaten x und y auszurechnen, müssen die Schülerinnen und Schüler etwas über die numerische Lösung von Differenzialgleichungen wissen, die nur sehr selten im Gymnasium unterrichtet wird. Das beendet aber nicht das Projekt: Die Lernenden können mit etwas weniger Anforderung an die Genauigkeit und zusätzlicher Computerhilfe beim Rechnen etwas anders vorgehen. Wenn sie die Formeln aus der Physik benutzen, um damit die Flugbahn zu beschreiben, können sie mit beliebiger Genauigkeit berechnen, wo sich den Formeln zufolge der Ball gerade befindet. Was heißt eigentlich beliebige Genauigkeit? Auf einen Meter genau? Auf einen Millimeter genau? Auf eine Atombreite genau? Auf eine Größe genau, die es in der realen Welt gar nicht gibt? In der Mathematik ist das mithilfe der Analysis theoretisch alles möglich, aber für die Praxis irrelevant.

Mit der Überlegung, welche Genauigkeit denn eigentlich für die Praxis relevant ist, kommen sie im Projekt auf einen Punkt, der in allen Praxisprojekten von sehr großer Bedeutung ist. Nicht die Möglichkeiten der Mathematik entscheiden über den Grad an Genauigkeit, sondern die Mitarbeiterinnen und Mitarbeiter im Projekt – mit dem Blick auf die Anforderungen aus der Praxis. Im Tennis reicht offenbar die Genauigkeit „plus/minus ein Meter" nicht. Ein Millimeter hingegen ist sicher hinreichend. Mit einer solchen Entscheidung über die gewünschte Genauigkeit entscheiden sie nicht nur, wie viele Stellen hinter dem Komma sie vom Display der elektronischen Rechenhilfe ablesen, sondern viel mehr.

Damit eröffnet sich die Möglichkeit, mit einem anderen Teil der Mathematik zu arbeiten: statt mit einem analytischen (kontinuierlichen) Modell mit einem diskreten. Was bedeutet das? Die Lernenden ziehen nicht eine Funktion aus der Analysis zurate, sondern berechnen Punkt für Punkt, wie sich der Ball bewegt. Am Ausgangspunkt mit den Koordinaten (0;0) wirken verschiedene Kräfte auf den Ball. Eine davon ist die, die mit dem Schläger ihre Energie auf den Ball überträgt. Eine andere ist die Erdanziehung. Weitere Kräfte beginnen zu wirken, sobald der Ball in Bewegung ist: Luftwiderstand und Magnus-Effekt.

Die Schülerinnen und Schüler wählen eine kleine Zeiteinheit, z. B. eine Sekunde, und berechnen (z. B. mit einer Tabellen-kalkulation) die Koordinaten des Balles nach dieser Zeit. Mathe-matisch geht es dabei um lineare Algebra/analytische Geometrie oder in der Sprache der Schulmathematik einfach „Vektor-rechnung". Vom Mittelpunkt des Balles ziehen die verschiedenen Kräfte (als Vektoren) den Ball in verschiedene Richtungen, die resultierende Kraft, die letztendlich die Bewegung bestimmt, ist die Summe dieser Vektoren. Als Resultat der Berechnungen erhalten sie die Position des Balles als Folge von Punkten, die auf der Bahnkurve liegen. Das können die Lehrenden als Mathe-matiker an dieser Stelle ohne Beweis hinzufügen.

Wenn ihnen nun mit dem Blick auf die gewünschte Genauig-keit die Punkte zu weit auseinander liegen, müssen sie den Com-puter mehr rechnen lassen, indem sie den Zeitabstand für die Berechnung der Punkte verringern und damit ihre Anzahl ver-größern. Wenn sie einmal für wenige Punkte richtige Formeln in die Tabellenkalkulation eingegeben haben, ist es sehr ein-fach, viele Punkte ausrechnen zu lassen. Das ginge mit Stift und Papier keinesfalls so einfach – es wäre sehr mühsam und zeitauf-wendig. Deshalb haben die Älteren so etwas in der Schule nie gemacht.

Als abschließende Anmerkung zu dieser Phase sei noch dar-auf hingewiesen, dass sich die vielen Videoaufnahmen selbstver-ständlich auch dazu nutzen lassen, die einzelnen Schülerinnen und Schüler in ihrer sportlichen Aktivität zu fördern. So lässt sich beim Tennisaufschlag sehr gut sehen, ob die Armbewegung und die Schlägerhaltung passen (und welche Fehler zu welch unerwünschten Ballflugkurven führen) – und damit können sie den Aufschlag deutlich verbessern. Das Training wird gezielter.

Phase 5: Projektpräsentation/ Projektdokumentation

„Projektunterricht ist durch einen klar erkennbaren Abschluss gekennzeichnet. Dabei haben alle Beteiligten die Gelegenheit, ihre Arbeitsergebnisse einander vorzustellen und wenn möglich einer breiteren Öffentlichkeit zugänglich zu machen. Entscheidend für die Wahl des Projektabschlusses muss sein, dass die Schülerinnen und Schüler durch die Präsentation Anerkennung und (konstruktive) Kritik ihrer Arbeit erfahren und dass die Ergebnisse des Projekts kommunizierbar werden. Die Dokumentation ist Teil des Projekts und eine wesentliche Grundlage für Präsentation, Öffentlichkeitsarbeit, Reflexion und Evaluation. Sie sollte daher Informationen über alle wichtigen Ergebnisse, Stadien des Arbeitsprozesses und Erfahrungen der ProjektmitarbeiterInnen liefern" (Bundesministerium für Bildung 2001).

Ganz offensichtlich steigert ein erfolgreiches Projekt das Selbstbewusstsein und das Ansehen in der Schule und bei den Eltern – wenn darüber berichtet wird.

Phase 6: Projektevaluation

„Die Evaluation dient der Überprüfung der Projektergebnisse und der Weiterentwicklung der Qualität künftiger Projekte. Grundlage für die Zielformulierungen in der Planungsphase sind die Fragestellungen: Was wollen wir zu welchem Zweck und mit welchen Mitteln erreichen? Prozessbegleitend und am Ende des Projekts werden diese Ziele auf Basis der gesammelten Daten hinsichtlich ihrer Erreichung bzw. Umsetzung systematisch bewertet. In den Phasen der Projektreflexion werden die Erfahrungen der Beteiligten und die laufenden Prozesse besprochen. Die Projektreflexion ist ein unabdingbares Element der Evaluation. Sie erfolgt grundsätzlich durch die AkteurInnen selbst; um die Gefahr ‚blinder Flecken' in der eigenen Wahrnehmung zu vermeiden, ist es jedoch in manchen Bereichen der Evaluation unerlässlich, auch eine Außensicht einzubeziehen (‚kritische FreundInnen', ProjektpartnerInnen)" (Bundesministerium für Bildung 2001).

Auch für die Phase ist der Projekterlass leicht nachvollziehbar. Das Projekt ist erst dann zu Ende, wenn gemeinsam rückblickend beurteilt (es muss gar keine formale Evaluation sein)
wird, was weshalb gut oder schlecht gelaufen ist und was daraus
für eine erfolgreiche Problemlösung auch außerhalb der Schule
gelernt werden kann. Das betrifft sowohl die inhaltliche Ebene
als auch den hoffentlich besseren sportlichen Erfolg und nicht
zuletzt die eingesetzten Forschungsmethoden und das soziale
Lernen durch kooperative Problemlösung.

Literatur

Bruder, R.:http://madaba.de/

Bundesministerium für Bildung: Grundsatzerlass zum Projektunterricht –
    Wiederverlautbarung der aktualisierten Fassung, Rundschreiben Nr. 44/2001.
    https://www.bmb.gv.at/ministerium/rs/2001_44.html (2001). Zugegriffen:
    Jan. 2019

Gerstmayr, T.: Mathematisches Modellieren der Hot-Shots beim Tennis.
    Diplomarbeit, JKU Linz (2018)

Rathje, D.: Warum ist die Bananenflanke krumm? In: Welt der Physik.
    www.weltderphysik.de/thema/hinter-den-dingen/bananenflanke/ (2006)

Die Taschensonnenuhr

Jürgen Maaß und Ronald Hohl

Ziel des hier vorgeschlagenen Projektes ist die Konstruktion einer Taschensonnenuhr für alle Schülerinnen und Schüler einer Schulklasse. Im Zuge des Projektes wird erkundet, welche Informationen benötigt werden, um selbst eine Uhr zu bauen, die möglichst genau die Zeit anzeigt. Zudem werden eigene Messungen durchgeführt und ausgewertet, um die Informationen praktisch zu nutzen. Historisches Vorbild ist eine aufklappbare Sonnenuhr, die vom österreichischen Astronomen Georg von Peuerbach im Jahre 1451 erfunden wurde. Diese Uhr und vergleichbare Modelle wurden fast 400 Jahre lang von wohlhabenden Leuten benutzt, bevor mechanische Modelle (die auch bei Nacht oder Regen ablesbar waren) sie verdrängten.

J. Maaß (✉)
School of Education, Institut für Didaktik der Mathematik, Johannes Kepler Universität Linz, Linz, Österreich
E-Mail: juergen.maasz@jku.at

R. Hohl (✉)
Höhere Technische Lehranstalt, Linz, Deutschland
E-Mail: ronald.hohl@gmx.at

© Springer-Verlag GmbH Deutschland, ein Teil von Springer Nature 2019
J. Maaß (Hrsg.), *Attraktiver Mathematikunterricht,*
https://doi.org/10.1007/978-3-662-60479-3_6

Einleitung/Projektstart

„Wie spät ist es?" Wird heute ein höflicher Mensch nach der
Zeit gefragt, sieht er auf die Armbanduhr oder auf den Bildschirm eines Handys, eines Computers, auf den Fernseher oder
auf eine andere Zeitanzeige im öffentlichen Raum und nennt
die Zeit. Falls kein technischer Defekt oder Ablesefehler vor-
liegt, stimmt die abgelesene Zeit sehr genau. Wir können uns
auf die Zeitangaben verlassen, wenn wir pünktlich zu einer Ver-
abredung, einer Zugabfahrt, dem Beginn einer Veranstaltung etc.
kommen wollen. Die stets ablesbare genaue Uhrzeit ist für uns
so selbstverständlich geworden, dass wir uns vermutlich schon
darüber wundern, wenn überhaupt jemand nach der Zeit fragt.
Gerade diese Selbstverständlichkeit, mit der wir zu wissen glauben, was Zeit ist und welche Uhrzeit gerade jetzt ist, zeigt einen
großen Erfolg der wissenschaftlichen Forschung: von einer ersten Definition eines Jahres als Zeit, in der die vier Jahreszeiten
aufeinanderfolgen, oder später als die Zeit, in der die Erde einmal um die Sonne kreist, bis hin zur Definition einer Sekunde
durch eine Messung der Frequenz beim Zerfall freiwerdender
(Gamma-)Strahlung durch radioaktiven Zerfall (vgl. https://
de.wikipedia.org/wiki/Sekunde) und der darauf aufbauenden
Zeiteinteilung.

Ein guter **Ausgangspunkt für ein Projekt** kann deshalb die
Frage sein, was wäre, wenn wir all die elektronischen Möglichkeiten zur Zeitbestimmung nicht hätten? Vielleicht kennen
einige Schülerinnen und Schüler noch die mechanischen Arm-
band- oder Taschenuhren, die im letzten Jahrhundert weit verbreitet waren. Manche folgen vielleicht einem modischen Trend
zu neu gebauten mechanischen Uhren. Falls darauf verwiesen
wird, gehen wir noch einen Schritt weiter und fragen nach dem
Leben ohne sie. Es liegt nahe, die Frage auch als Schritt in die
Vergangenheit zu interpretieren: Heute ist das Leben in Beruf
und Alltag, die technische Infrastruktur, die unser Leben ermöglicht und bestimmt, ohne ständige exakte Zeitangaben nicht vor-
stellbar; die Zeit gibt den sekundengenauen Takt für das Leben
der Menschen in der technologischen Welt an. Wie aber war es

früher, etwa im 15. Jahrhundert? Es gab nur sehr wenige große mechanische Uhren an Kirchtürmen oder Rathäusern, die zudem aufgrund von Eigenschaften und Bearbeitungsmöglichkeiten der verwendeten Materialen (Holz, Kupfer, Gusseisen, …) sehr ungenau gingen.

An dieser Stelle muss im Projekt eine Entscheidung getroffen werden – im Sinne des allgemeinen Lehrziels „Erziehung zur Mündigkeit" am besten von der ganzen Schulklasse: Sollen wir uns mehr über große mechanische Uhren im 15. Jahrhundert informieren? Nehmen wir als Beispiel die berühmte Uhr in Prag (https://de.wikipedia.org/wiki/Prager_Rathausuhr)?

Oder versuchen wir – vielleicht mit Unterstützung der Geschichtslehrerin oder des Geschichtslehrers – genauer herauszufinden, wie das Leben in Beruf und Alltag im 15. Jahrhundert ohne die ständige Präsenz einer auch nur halbwegs genauen Uhrzeit verlaufen ist? Wie waren typische Tagesabläufe von Menschen, die damals hier gelebt haben? Die meisten Menschen haben als Leibeigene in der Landwirtschaft gearbeitet. Ihr Tagesablauf wurde fremdbestimmt – vom Wetter und vom Lehnsherrn. Wer brauchte überhaupt genaue Zeitangaben? Uns sind dazu ein paar Beispiele eingefallen:

- Kirchen mussten den genauen Tag für Festtage festlegen – es ist kein Zufall, dass unsere Zeitrechnung von einer päpstlichen Kalenderreform (benannt nach Papst Gregor XIII., vgl. https://de.wikipedia.org/wiki/Gregor_XIII.) bestimmt wird.
- Regierungen für das Verwalten, für Diplomatie und Militär: Wann ist der „Zehnt" (die Abgabe) fällig? Wann findet der nächste Reichsrat statt? Wann muss ich abreisen, um rechtzeitig dort zu sein? Wie organisieren wir die Logistik für unseren Feldzug?
- Handwerkliche und kaufmännische Tätigkeiten: Wie lange muss ein Holz lagern, damit es für den Bau eines Schiffes oder eines Möbelstückes verwendet werden kann? Wann sind wie viele Zinsen für einen Kredit fällig?
- Navigation: Die Bestimmung der Position eines Schiffes auf hoher See ist sehr wichtig, wenn über den Kurs entschieden wird.

Offensichtlich ist der benötigte Grad an Genauigkeit unterschiedlich. Wenn jährlich Zinsen fällig werden, ist die Situation anders, als wenn der Kurs eines Schiffes festgelegt wird – sicher mehr als einmal jährlich. Nun ergeben sich nach einem solchen Brainstorming in der Schulklasse viele Möglichkeiten für die weitere Ausrichtung des Projektes. Wir haben uns für diesen Beitrag auf das Thema Zeitbestimmung mithilfe der Sonne und einer tragbaren Sonnenuhr konzentriert.

Ein motivierendes Objekt

Als Ausgangspunkt für die zweite Projektphase schlagen wir vor, das Bild einer Taschensonnenuhr genauer zu betrachten (siehe Abb. 1).

Betrachten Sie bitte einmal das Bild genauer. Das Objekt besteht aus zwei Teilen, die durch ein Gelenk und einen Faden zusammengehalten werden. Der untere Teil enthält Striche mit Zahlen, eine verzierte Befestigung für den Faden und ein rundes

Abb. 1 Taschensonnenuhr nach G. v. Peuerbach (https://www.steiermark.com/de/steiermark/ausflugsziele/museum-fuer-geschichte_p7789, mit freundlicher Genehmigung des Museums)

Objekt in der Mitte. Der obere Teil, der Deckel, ist ebenfalls reich verziert. Wenn Sie mit der Vorabinformation „es ist eine Uhr" diese Einzelteile betrachten, ahnen Sie, dass die Striche mit Zahlen vermutlich Uhrzeiten angeben sollen, und der Schatten des Fadens zeigt, welche Zeit es ist. Wie kann das funktionieren?

Wir schlagen vor, die Schülerinnen und Schüler (in kleinen Arbeitsgruppen) selbst nach einer Antwort suchen zu lassen. Der aus unserer Sicht entscheidende Schritt zur Lösung des Rätsels ist der runde Gegenstand: ein Kompass! Ebenso sehen wir es im Bild einer Uhr von Paul Reimann (Nürnberg 1557, https://de.wikipedia.org/wiki/Klappsonnenuhr). Wir nehmen an, dass die Schülerinnen und Schüler die Frage mittels einer Suche im Internet zu beantworten versuchen). Damit kann die Ausgangsfrage in Form einer Gebrauchsanweisung beantwortet werden:

1. Taschenuhr öffnen,
2. Norden suchen (mithilfe des Kompasses),
3. Uhr nach Norden ausrichten,
4. Zeit auf der Skala ablesen (dort, wo der Schatten des Fadens hinfällt).

Selbst machen!

Funktioniert die Zeitangabe so tatsächlich? Wie genau gibt das Gerät die Zeit an? Wir können nicht darauf hoffen, dass das Museum uns die historische Taschensonnenuhr zu Versuchszwecken leiht. Also müssen wir einen anderen Weg finden. Unser Vorschlag: Wir basteln selbst eine tragbare Sonnenuhr. Damit dieses Ziel mit den Mitteln eines typischen Mathematikunterrichts erreichbar ist, verzichten wir auf das schöne Design und konzentrieren uns auf die gewünschte Funktion.

Dazu vorab noch ein **kleiner Hinweis:** Wenn wir auf eine Uhr schauen, lesen wir die Zeit ab, ohne über die Konstruktion der Uhr, das Wesen der Zeit und technische Bedingungen der Genauigkeit nachzudenken. Eine gute Uhr funktioniert auch dann, wenn die Nutzer keine Ahnung von all dem haben, was nötig ist, die richtige Zeit anzuzeigen. Sie wirkt als Blackbox.

Wenn wir nun im Klassenraum selbst eine gute tragbare Sonnenuhr bauen wollen, müssen wir den Standpunkt wechseln, von der
Nutzerin bzw. dem Nutzer zur verstehenden Konstrukteurin bzw.
zum Konstrukteur. Wir hoffen allerdings, dass uns das historische Vorbild beim Verständnis hilft.

Hier ist unser Vorschlag für ein erstes sehr kostengünstiges
Modell zum Selberbasteln mit einfachen Mitteln (ein Stück vom
Pappkarton und ein Bindfaden, zwei Löcher und zwei Knoten,
siehe Abb. 2).

Nun haben wir in der Schulklasse für jede Schülerin und für
jeden Schüler ein Versuchsmodell, das schon aufgeklappt ist.
Machen wir uns also auf die Suche nach Norden, damit wir die
Uhr passend ausrichten können.

Abb. 2 Basismodell Taschensonnenuhr zum Selberbasteln (Die Abbildung
ist der Diplomarbeit von R. Hohl entnommen (http://epub.jku.at/obvulihs/
content/titleinfo/1960988, S. 73))

Wir laden Sie ein, sich selbst eine Taschensonnenuhr zu basteln – so wie es hier beschrieben ist. Das Basismodell ist leicht zu bauen; die Normierung (Markierungen zum Ablesen der Zeit) wird im folgenden Text erläutert.

Anmerkung zur Methode Wie immer, wenn wir uns auf eine Suche begeben, sollten wir vorher genauer überlegen, was wir eigentlich aus welchem Grunde suchen. Wer vorher Klarheit über Ziele und Gründe für eine Suche hat, der hat es hinterher wesentlich leichter, sich in der Vielfalt der Möglichkeiten und (Irr-)Wege zu orientieren. Auch im Hinblick auf die allgemeinen Lehrziele wie selbstständiges Problemlösen ist es ganz wichtig, den Dreischritt zu üben: Ziele klären, Wege suchen und immer wieder (Zwischen-)Bilanz ziehen: Was wollten wir? Was haben wir erreicht? Was waren erfolgreiche Schritte/Methoden? Was fehlt uns noch? Welches sind die nächsten Ziele?

Zur Ausrichtung der Uhr: Norden und Süden suchen

Wir haben bereits darauf hingewiesen, dass eine gute Uhr als Blackbox funktioniert, also eine genaue Zeit anzeigt, ohne dass die Nutzer bzw. der Nutzer die Konstruktion der Uhr, die geografischen Hintergründe und Zusammenhänge, die Bewegungen der Erde um die Sonne etc. kennt und versteht. Lediglich die Gebrauchsanweisung soll befolgt werden.

Die Anweisungen 2 und 3 (Norden suchen und Uhr entsprechend ausrichten) gelingen nur, wenn ein einfaches Mittel dazu zur Verfügung steht, das benutzerunabhängig funktioniert. Vor 500 Jahren war dies der Kompass. Heute wissen wir, dass magnetischer und geografischer Nordpol nicht identisch sind. Deshalb schleicht sich ein – in Mitteleuropa zum Glück nur leichter – Fehler ein, der zu einer Ungenauigkeit bei der Zeitbestimmung führt. Wir gehen darauf später ein.

Eine andere **grundlegende Idee,** die für uns hier von großer Bedeutung ist, soll an dieser Stelle explizit erwähnt werden, die **Normierung.** Damit etwas für alle Menschen gleich funktioniert, muss ein für alle geltendes System von Definitionen und Maßeinheiten existieren. Der lange Weg zum derzeit geltenden ISQ (International System of Quantities) ist eine extra zu erlernende Geschichte der schrittweisen Erkenntnis und Einigung, ohne die unsere technologische internationale Infrastruktur nicht so gut (oder genauer: gar nicht) funktionieren könnte. Für unser Projekt zur Konstruktion einer tragbaren Sonnenuhr brauchen wir Informationen über die Vermessung der Erde (insbesondere Längen und Breitengrade), einiges Wissen aus der Geometrie und der Astronomie, insbesondere über die Bewegung der Erde um die Sonne und über Zeitzonen. Für den Projektverlauf schlagen wir vor, es jeweils an der Stelle, an der grundlegendes Wissen benötigt wird, zu suchen bzw. zu erarbeiten und nicht – wie an der Universität üblich – erst alle eventuell benötigten Informationen systematisch bereitzustellen/ zu lehren, um sie dann teilweise anzuwenden.

Möglicher Exkurs: Himmelsrichtung bestimmen ohne Kompass (und GPS): Falls wir uns nicht auf den Kompass verlassen wollen (also noch weiter in die Vergangenheit gehen), müssen wir den Norden anders suchen. Beginnen wir unsere Suche nach dem Norden mit einer Erinnerung an ein Kinderlied:

> Im Osten geht die Sonne auf,
> im Süden steigt sie hoch hinauf,
> im Westen wird sie untergehen,
> im Norden ist sie nie zu sehen.

Durch direkte Beobachtung der Sonne finden wir also nicht gut heraus, wo Norden ist: Dort ist sie während der ganzen Nacht nicht zu sehen. Aber die entgegengesetzte Richtung, Süden, ist gut zu sehen (wenn die Sonne scheint). Im Süden erreicht sie den höchsten Punkt ihrer Bahn. Mit anderen Worten (und etwas Geometrie oder Probieren mit einer Taschenlampe): Vom höchsten Punkt aus wirft sie den kürzesten Schatten. In einem Projektschritt oder einem eigenen kleinen Projekt können wir durch

Beobachtung der Länge eines Schattens herausfinden, wo die Sonne am höchsten steht, und diese Richtung „Süden" nennen. Wenn wir diesen Extraschritt gehen und jemand aus der Schulklasse zu diesem Zeitpunkt auf die Uhr sieht, stoßen wir auf einen Punkt, der uns sonst erst später auffällt: die Sommerzeit. Sie verhindert, dass die Sonne um 12 Uhr mittags am höchsten Punkt steht, weil ja die Tageszeit um eine Stunde verschoben wird.

Wenn wir diesen Extraschritt machen, stellt sich erstmals eine Frage, auf die wir später auf jeden Fall kommen werden, nämlich die nach der Genauigkeit. Mit welcher Genauigkeit sehen wir, wann die Sonne am höchsten steht? Welchen Einfluss hat das auf die Genauigkeit unserer Uhr? Auch dieser Frage widmen wir uns erst etwas später, nämlich dann, wenn wir im Zuge des eigentlichen Projektes eine Antwort brauchen.

Skala für die Uhrzeiten einzeichnen

Wenn wir die selbst gebaute tragbare Uhr bei Sonnenschein nach Norden ausrichten, sollte der Schatten des Fadens zum Zeitpunkt „Mittag" genau in der Mitte liegen und 12 Uhr anzeigen. Lassen wir einmal die Sommerzeit, die es ja vor 500 Jahren noch nicht gab, noch ein wenig beiseite, dann stellt sich als Nächstes die Frage: Wohin fällt der Schatten um 13 Uhr? Und um 14, 15 oder 16 Uhr? Und vormittags? Der Blick zurück auf das historische Vorbild lehrt uns, dass es eine gute Idee ist, auf der Uhr eine Skala mit Strichen und Zahlen (für die Uhrzeiten) einzutragen, damit die Uhr leicht und einfach abgelesen und so als Blackbox funktionieren kann.

Wo zeichnen wir die Striche der Skala ein? Wir schlagen vor, die Schülerinnen und Schüler selbst Ideen dazu sammeln zu lassen. Wer mit heutiger Technologie arbeitet, kann sich von Sonnenaufgang bis Sonnenuntergang jede Stunde mit der eigenen Uhr in die Sonne stellen, sie nach Norden ausrichten und einzeichnen, wohin der Schatten fällt. So entsteht folgendes Bild (siehe Abb. 3).

Abb. 3 Skalen einzeichnen und beschriften (Hohl 2016, S. 75)

Nachdem wir – vorsichtshalber auf einem Extrapapier und nicht gleich auf dem Karton – eine Skala eingezeichnet und beschriftet haben, hoffen wir natürlich, dass wir damit bei Sonnenschein jeden Tag und überall die Uhrzeit feststellen können. Leider klappt das nicht. Selbst wenn wir die Regelung zur Sommerzeit (einen möglichen Exkurs reduzieren wir auf den Hinweis, dass alle Uhren eine Stunde vorgestellt werden) berücksichtigen, fällt der Schatten an den nächsten Tagen nicht genau auf die Linien. Woran kann das liegen?

An dieser Stelle ist eine – möglichst gemeinsame und gut begründete – Entscheidung über den weiteren Projektverlauf notwendig!

Eine durchaus akzeptable Entscheidung der Schulklasse an dieser Stelle ist, nun zu sagen, dass die erreichte selbstgebaute tragbare Sonnenuhr durchaus hinreicht, um zufrieden zu sein.

Es ist uns gelungen, ein solches Objekt dem historischen Vorbild folgend zu bauen, und wir haben zumindest in Grundzügen verstanden, wie so etwas geht und weshalb der Schatten auf dem Papier bzw. dem Karton in etwa die Zeit anzeigt. Wenn wir die aktuelle Uhrzeit genauer wissen wollen, schauen wir eben auf die für uns gewohnten und selbstverständlichen Armbanduhren oder Bildschirme.

Eine andere Entscheidung führt auf die Frage nach möglichen Ursachen für Ungenauigkeiten. Zwei davon werden wir im Folgenden genauer betrachten.

Die erste Ursache, der **Unterschied von wahrer und mittlerer Ortszeit,** folgt aus einer historischen Recherche: Wir suchen nach Informationen über Georg von Peuerbach und erfahren neben seiner Biografie auch, dass zu seiner Zeit jeder Ort noch seine eigene Zeit hatte: Da zu jener Zeit der Globus noch nicht in Zeitzonen unterteilt war, definierte man 12 Uhr Mittag einfach an dem jeweiligen Standort als jene Zeit, zu der die Sonne ihre höchste Position erreichte und damit genau im Süden stand. Reisende richteten sich nach der jeweiligen Ortszeit. Gegen Ende des 19. Jahrhunderts verband die sich entwickelnde technische Infrastruktur (Eisenbahnen, Telegrafie) jedoch viele verschiedene Orte, sodass es notwendig und sinnvoll wurde, eine globale Einteilung in Zeitzonen zu vereinbaren, wie wir sie heute kennen (vgl. https://de.wikipedia.org/wiki/Zeitzone). Wenn man davon ausgeht, dass die Erde sich in 24 h einmal vollständig dreht, vergeht pro 15 Grad Drehung eine Stunde. Wer sich auf einem Längengrad befindet, der eine Trennlinie zweier Zeitzonen definiert (0 Grad, 15 Grad, 30 Grad, …) sieht die Sonne tatsächlich um 12 Uhr auf dem höchsten Stand. Für alle anderen Standorte kann mithilfe des Längengrades ausgerechnet werden, wie groß die Abweichung ist. Da sich Linz etwa auf dem Längengrad 14,3 befindet, steht die Sonne hier erst kurz nach 12 Uhr genau im Süden. Aus unserer Sicht hat es die Sonne bis 12 Uhr noch nicht geschafft, den höchsten Stand zu erreichen. Sie braucht noch ein wenig Zeit, um die fehlenden 0,7 Grad zurückzulegen. Wie viel? Per Dreisatz lässt sich die Zeit von 2,8 min ausrechnen.

Das Ergebnis stimmt nachdenklich: Vor 500 Jahren war die selbstgebaute Uhr besser einsetzbar als heute, weil sie die

jeweilige Ortszeit genauer angezeigt hat. Heute hat sie bei einer
Wanderung von Ost nach West (oder in die entgegengesetzte
Richtung) einen Fehler von bis zu einer halben Stunde (wenn
man gerade an einem Ort ist, der z. B. auf dem Längengrad 7,5
liegt), „nur" weil es inzwischen eine internationale Regelung
über Zeitzonen gibt. Der allgemeine Fortschritt ist für die Nützlichkeit unserer kleinen Uhr ein Rückschritt!

Mathematisch interessanter ist der **Unterschied von magne-
tischem und geografischem Nordpol.** Vor 500 Jahren kannte
man diese Unterscheidung noch nicht, heute gibt es sogar Landkarten, auf denen die Wanderung des magnetischen Nordpols im
Laufe der Zeit eingezeichnet ist (siehe Abb. 4).

Für einen Menschen aus Cambridge Bay in Kanada stimmten
im Jahre 1994 die Richtungen zum magnetischen und zum geografischen Nordpol überein. Im Jahre 1904 zeigte der Kompass
einem Menschen in Resolute nicht den Nordpol, sondern ziemlich genau die entgegensetzte Richtung: Der magnetische Nordpol befand sich südlich von Resolute.

Wir zeigen nun, wie eine Schulklasse in Deutschland oder
Österreich herausfinden kann, wie groß der Fehler ist, der durch
die Differenz der Richtungen zu unserer Zeit hier entsteht.

Zuerst schließen wir mögliche Fehlerquellen bei unserem
Kompass aus: Magnetfelder in der Nähe, die z. B. durch einen
Permanentmagneten oder ein starkes elektromagnetisches Feld,
z. B. von einem Transformator, erzeugt werden, können stören.
Wir halten Abstand von einem solchen Störfeld und nutzen das
Internet, um festzustellen, wie viele Grade Abweichung von uns
aus zwischen der Richtung zum geografischen Nordpol und zum
magnetischen Nordpol derzeit besteht.

Die Missweisung bzw. Deklination für unseren Standort (und
jeden anderen auf der Erde) finden wir auf der Internetseite
http://www.zamg.ac.at/: Auf dieser Seite kann man sich mit dem
„Geophysik Online Deklinationsrechner" die Deklination aus-
geben lassen (siehe Abb. 5a): Sie beträgt 3,9 Grad. Wir müssen
also die Richtung, die uns der Kompass zeigt, um 3,9 Grad
gegen den Uhrzeigersinn korrigieren, um die Richtung zum
geografischen Nordpol zu erhalten.

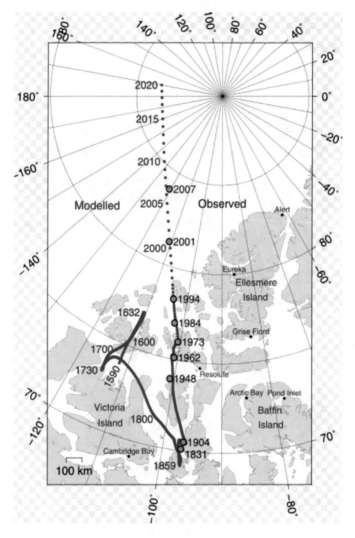

Abb. 4 Der magnetische Nordpol wandert. Gemeinfreie Abbildung von https://en.wikipedia.org/wiki/North_Magnetic_Pole

IGRF Deklinationsrechner

IGRF 12. Generation, 1900 - 2020

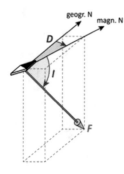

Datum	1. 5. 2018
Ort	Linz
Position	48.3 / 14.29 / 266m

	Deklination (D)	Inklination (I)	Totalintensität (F)
Wert	3.9°	64.5°	48590.4 nT
Variation	7.9'/Jahr	0.2'/Jahr	33.2 nT/Jahr

diese Werte wurden mit dem IGRF Model berechnet.

Neueingabe

IGRF Deklinationsrechner

IGRF 12. Generation, 1900 - 2020

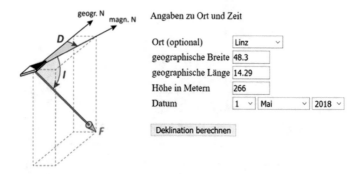

Angaben zu Ort und Zeit

Ort (optional)   Linz ⌄
geographische Breite   48.3
geographische Länge   14.29
Höhe in Metern   266
Datum   1 ⌄   Mai ⌄   2018 ⌄

Deklination berechnen

Abb. 5 Bestimmung der Deklination mit dem ZAMG online Deklinationsrechner, a Eingabe, b Ausgabe. Mit freundlicher Genehmigung des © ZAMG (http://www.zamg.ac.at/cms/de/geophysik/produkte-und-services-1/online-deklinationsrechner?searchterm=deklinatio)

Wenn wir uns daran erinnern, dass die Sonne von uns aus gesehen pro Stunde einen Winkel von 15 Grad zurücklegt, können wir den Zeitfehler bestimmen: 15,6 min. Wenn wir dem Kompass glauben und die Deklination nicht berücksichtigen, liegen wir also um etwas mehr als eine Viertelstunde falsch.

Fazit: Tragbare Sonnenuhr – Skalierung und Genauigkeit

Rückblickend war es gar nicht so schwer, dem historischen Vorbild aus dem Museum folgend mit einfachen Mitteln eine eigene Taschensonnenuhr zu basteln. Je nachdem, wie weit wir im Projekt versucht haben, den offensichtlichen Genauigkeitsproblemen auf den Grund zu gehen, ist es uns gelungen, eine bei schönem Wetter mehr oder weniger genaue Zeitangabe zu erreichen. Wenn wir früh am Morgen oder spät am Abend auf die eingezeichnete Skala schauen, werden wir größere Ungenauigkeiten feststellen als gegen Mittag. Aber wir sind auf jeden Fall genauer als eine grobe Schätzung aufgrund des Zeitgefühls oder eine Zeitbestimmung mit einem Blick auf den Sonnenstand. Selbstverständlich werden wir deshalb nicht auf unsere Armbanduhr oder das Handy verzichten.

Ausblick: Stationäre Sonnenuhr

Wenn wir mit einer Sonnenuhr eine größere Genauigkeit erzielen wollen, müssen wir offenbar noch genauer überlegen und messen, eine viel größere Sonnenuhr bauen (je größer die Skala, desto feiner die mögliche Einteilung!) und die Ausrichtung ganz genau planen, weil eine richtig große Sonnenuhr nicht mehr tragbar ist, sondern stationär. Je höher unsere Anforderungen an Genauigkeit für eine Sonnenuhr werden, desto genauer müssen wir überlegen und planen. Dabei stoßen wir auf die Tatsache, dass die Erde nicht einfach eine ideale Kugel ist und ihre Bahn um die Sonne nicht exakt eine Kreisbahn. Zudem gibt es für die Zeiten nahe Sonnenaufgang und Sonnenuntergang weitere optische Phänomene (Lichtbrechung), die einen Einfluss haben können.

Nachwort: Dieser Beitrag wurde auf der Grundlage der Diplomarbeit von Roland Hohl erstellt, die noch eine Reihe weiterer Ausarbeitungen zum Bau und zur Untersuchung von Sonnenuhren enthält). Falls Sie durch diesen Beitrag motiviert sind, sich selbst (vielleicht zusammen mit der ganzen Familie) eine Taschensonnenuhr zu bauen, wünschen wir Ihnen viel Freude und viel Erfolg!

Literatur

Hohl, R.: Sol 365 – Projektorientierter Sonnenuhrbau in der Sekundarstufe, Diplomarbeit Universität Linz (2017). http://epub.jku.at/content/title-info/1960988

Eine Sonde flog zum Pluto: „New Horizons" flog auch für den Mathematikunterricht!

Jürgen Maaß und Manuela Spiegl

Am 14. Juli des Jahres 2015 erreichte die Sonde „New Horizons" den kleinsten Abstand zum Pluto, der jemals von einer Sonde erreicht wurde, und sendete hervorragende Aufnahmen und viele andere Daten zur Erde. Was hat dieser großartige Erfolg mit Mathematikunterricht zu tun? Im ersten Teil des Beitrages gehen wir der Frage nach, welch großen Anteil Mathematik an diesem Erfolg hat und wie sich der berechtigte Stolz auf diese Leistung positiv für den Mathematikunterricht nutzen lässt. Im zweiten Teil zeigen wir, wie überraschend gut wir mit mathematischen Mitteln der Sekundarstufe I die Flugbahn modellieren können.

Faszinierende Forschungen und Entdeckungen haben zumindest in der neueren Geschichte der Menschheit große Aufmerksamkeit erregt und viele Menschen begeistert. Die erste Erdumsegelung, die Suche nach den Quellen des Nils oder nach dem sagenhaften Eldorado, die Expeditionen zum Nordpol und zum Südpol, der erste Satellit („Sputnik") oder die Mondlandung

J. Maaß (✉)
School of Education, Institut für Didaktik der Mathematik,
Johannes Kepler Universität Linz, Linz, Österreich
E-Mail: juergen.maasz@jku.at

M. Spiegl (✉)
Höhere technische Lehranstalt für Informatik, Fachschule für Informationstechnik, Perg, Österreich
E-Mail: Mspiegl@gmx.at

© Springer-Verlag GmbH Deutschland, ein Teil von Springer Nature 2019
J. Maaß (Hrsg.), *Attraktiver Mathematikunterricht,*
https://doi.org/10.1007/978-3-662-60479-3_7

sind nur wenige von vielen Beispielen. Indirekt verdanken übrigens viele von uns die Möglichkeit, eine höhere Schule und eine Universität zu besuchen, dem aus heutiger Sicht recht unscheinbaren ersten Satelliten. Er löste den „Sputnik-Schock" aus, der zu umfangreichen Investitionen in Bildung, Forschung und Technik führte.

Eine Sonde zum Pluto, all die interessanten Fotos und Daten (zur Atmosphäre, zur globalen Kartografierung von Pluto und seinen Monden, zum elektrischen und magnetischen Feld des Himmelskörpers etc.) werden sicher keine so große gesellschaftspolitische Wende wie der Sputnik bewirken, aber Ereignisse wie diese werden von vielen Menschen, auch von Schülerinnen und Schülern, mit Interesse zur Kenntnis genommen. Vielleicht haben sich aufgrund der Medienberichterstattung sogar einige Schülerinnen und Schüler vorgenommen, selbst einmal an ähnlichen Projekten mitzuwirken.

In der Medienberichterstattung wird der erfolgreiche Flug der Sonde nicht als Erfolg der Mathematik gewertet; Mathematik als Basis des Erfolges wird in den Medien überhaupt nicht erwähnt. Selbst wir, die wir Mathematik studiert haben, müssen erst ein wenig darüber nachdenken, um uns bewusst zu werden, welch zentrale Rolle Mathematik in vielen Aspekten dieses Projektes gespielt hat.

> Zum realitätsnahen Mathematikunterricht gehört fast immer die Suche nach den Basisdaten, den Fakten, die für ein Projekt benötigt werden. Welche (unbemannte) Rakete oder Sonde ist derzeit unterwegs? Suchen Sie bitte die dazu gehörigen Daten wie Ziel, Reisezeit, Gewicht, Geschwindigkeit,…

Mathematik als unsichtbare Basis des Erfolges

Wir möchten Sie nun einladen, mit uns gemeinsam zu überlegen, wo in diesem Projekt Mathematik eine Rolle gespielt hat. Wenn Sie als Mathematiklehrerin oder Mathematiklehrer den

Flug der Sonde „New Horizons" thematisieren wollen, ist eine ähnliche Einladung an Ihre Schülerinnen und Schüler aus unserer Sicht ein guter Einstieg. *Methodisch* empfiehlt es sich dabei, gemeinsam auf die Suche zu gehen und bei Bedarf in Kleingruppen oder per Hausaufgabe einzelne Fragen genauer zu überlegen und Informationen zu recherchieren.

Uns hat diese Suche nach Beiträgen der Mathematik zum Projekterfolg vor Augen geführt, in wie vielfältiger Weise Mathematik in alles involviert ist, was mit unserer technologischen Zivilisation zu tun hat. Nach einer Phase des Brainstormings haben wir uns entschlossen, den Projektverlauf von der ersten Idee bis zum erfolgreichen *fly-by* der Sonde als Orientierung für eine Struktur der verschiedenen Ideen zu wählen.

Planung und Finanzierung

Offenbar bedarf es einer langen und genauen Vorausplanung, um eine Sonde auf eine Reise durch das Sonnensystem zu schicken. Ganz am Anfang stand der Beginn einer mehr oder weniger genauen Beobachtung des Himmels, insbesondere bei Nacht. Nach sehr vielen Beobachtungen und Berechnungen entstand ein astronomisches Modell unseres Sonnensystems als ein Teil einer ganzen Galaxie, die wiederum eine von vielen Ansammlungen von Sternen ist. In unserem Sonnensystem wurden verschiedene Typen von Objekten klassifiziert (Planeten, Monde, Asteroiden, Kometen, ...), und im Laufe der Zeit gelang es durch immer genauere Beobachtung und immer bessere Berechnung, ihre Position in der Zukunft vorherzusagen: Wann gibt es wieder eine Sonnenfinsternis? Wann und wo am Nachthimmel können wir die Planeten Mars und Venus sehen? Wie viele Jahre braucht der Saturn, um einmal um die Sonne zu kreisen? Bewegt er sich genau oder nur näherungsweise auf einer Kreisbahn?

All das und sehr viel mehr lässt sich ausrechnen; viele Berechnungen sind in Form von Tabellen oder Simulationen im Internet zu finden. Kurz: Ohne Mathematik, konkret die Berechnungen im Rahmen der Astronomie, gäbe es sicher nicht einmal einen realistischen Plan, Pluto zu besuchen.

Pluto bewegt sich nicht auf einer Kreisbahn um die Sonne, sondern auf einer Ellipse. Der geringste Abstand zur Sonne sind knapp 30 Astronomische Einheiten, der größte fast 50. Eine Astronomische Einheit (AE) ist etwa der mittlere Abstand unseres Planeten Erde zur Sonne. Vielleicht war der Anlass für die Wahl des Zieles Pluto für die Sendung einer Sonde die Information, dass Pluto den sonnennächsten Punkt der Umlaufbahn im Jahre 1989 durchlaufen hat und erst im Jahre 2237 wieder so „nahe" an der Sonne ist. Im Jahre 1990 begannen jedenfalls die Planungen für die Sonde „New Horizons", die für einen nahen Vorbeiflug an Pluto programmiert wurde.

Die Sonde startete am 19. Januar 2006 und erreichte am 14. Juli 2015 mit etwa 12.500 km den kleinsten Abstand zu Pluto. Müssen wir eigens darauf hinweisen, dass Begriffe wie „Kreis" oder „Ellipse" oder „Abstand" mathematische Begriffe sind, die für die Projektplanung wesentlich waren?

Alex Knapp (Forbes Staff), beziffert die Kosten der Mission auf etwa 700 Mio. US Dollar (vgl. https://www.forbes.com/sites/alexknapp/2015/07/14/how-do-new-horizons-costs-compare-to-other-space-missions/#719fcdb45917). Ein so großer Betrag übersteigt unser Vorstellungsvermögen (und sicher auch das der Schülerinnen und Schüler). Da hilft es auch nicht viel, auszurechnen, wie viele Flaschen Mineralwasser, wie viele Bücher, Fernseher, Autos oder Einfamilienhäuser für diesen Betrag gekauft werden könnten. Aber auch ohne mit den für die Projektfinanzierung zuständigen Personen zu sprechen, können wir uns gut vorstellen, dass so viel Geld nicht einfach zur freien Verfügung auf einem Konto für das Projekt liegt, sondern vorab sehr genau geplant und kalkuliert werden muss, welcher Aspekt des Projektes wie viel kostet. Wie leicht es ist, sich bei einer Planung für ein Großprojekt zu verrechnen, zeigt eine Vielzahl von Medienberichten über große Fehlkalkulationen beim Bau von Krankenhäusern, Flugplätzen etc. Auch wenn wir nicht genau wissen, wie die Finanzierung kalkuliert wurde, können wir mit großer Sicherheit sagen, dass hier sehr viel gerechnet wurde, kurz: Ohne Mathematik hätte es sicher keine Projektfinanzierung (und damit kein Projekt) gegeben.

Zur optimalen Konstruktion der Sonde

Wir wissen nicht, wer die Sonde auf welche Weise entwickelt und montiert hat. Aber wir können uns gut vorstellen, dass zunächst eine sehr komplexe Optimierungsaufgabe gelöst werden musste: Auf der einen Seite steht eine lange Wunschliste: „Was soll sich alles in der Sonde befinden?" Wir denken hier an viele Messgeräte, eine Einrichtung für Antrieb und Steuerung, Treibstofftanks, Kommunikationsgeräte für den Transfer von gesammelten Daten, etwas für die Selbstdiagnose von Geräten und Sonde, eine Empfangsstation für Steuerungssignale, einen Computer und Steuerungsgeräte, um alles auszuführen, und nicht zuletzt eine Hülle zum Schutz sowie Vorrichtungen, alles so gut zu befestigen, dass es die Beschleunigung beim Start gut übersteht. Auf der anderen Seite stehen Einschränkungen etwa im Hinblick auf das maximale Gewicht oder die Kosten. Für jeden einzelnen Wunsch muss genau überlegt werden, welche Ausführung z. B. einer Kamera oder eines Funkgerätes benötigt wird, ob man sicherheitshalber zwei einbaut, falls eines nicht mehr funktioniert, und nicht zuletzt, wie alles zusammen so in der Sonde angeordnet werden kann, dass der Platz optimal genutzt wird, die Gewichtsverteilung stimmt, nichts zu heiß wird und noch viele andere Bedingungen erfüllt werden, die wir nicht kennen. Schon dieser sehr vage Blick auf die Konstruktion einer solchen Sonde zeigt uns, was wir ahnten: Ohne Mathematik geht auch hier gar nichts. Alles muss erst geplant, durchgerechnet und (auch geometrisch) optimiert werden, bevor die erste Schraube angezogen wird. Mit klassischer Ingenieurkunst (Probemodelle bauen und testen) kann das gewünschte Resultat (eine funktionstüchtige, unter den gegebenen Bedingungen optimale Sonde) nicht sinnvoll und mit möglichst geringen Kosten erreicht werden.

Methodischer Tipp für den Unterricht Eine sehr vereinfachte, realitätsnahe und im Erlebnishorizont gut verankerte Aufgabe dieses Typs ist es, einen Rucksack für eine längere Wanderung zu packen: Was soll hinein? Was passt hinein? Wie steht es mit dem Gewicht?

Diese Übung ist offensichtlich sehr nützlich für Wanderungen und Reisen (denken Sie an die Koffer für einen Flug!). Wir empfehlen Ihnen, die Übung aktiv durchzuspielen.

Nur am Rande sei erwähnt, dass die Konstruktion einer Kamera, die Optimierung des Materials der Hülle der Sonde (und der Kamera), die Programmierung der Datenübermittlung und vieles mehr auch ein Resultat des erfolgreichen Einsatzes mathematischer Technologie ist. Zudem ist die Planung des Baues und der Montage der einzelnen Bestandteile der Sonde ein schönes Beispiel für Netzplantechnik, also eine Anwendung eines anderen Teils der Mathematik, nämlich der Graphentheorie.

Routenplanung

Vielleicht am besten und einfachsten erkennbar wird die Rolle der Mathematik bei der Vorausberechnung der Flugroute. Ein Weg von der Erde zum Pluto ist nicht wie eine Straße, die erst gebaut und dann benutzt wird, nicht einmal wie eine Schifffahrtsroute oder Flugroute, die je nach Wetterbedingungen ein wenig variiert, obwohl Startpunkt und Endpunkt gleich bleiben. Während der Flugzeit (knapp 10 Jahre) verändert Pluto seine Position ebenso wie alle anderen Objekte im Sonnensystem, die eventuell einen Einfluss auf die Sonde haben können. Es wäre doch sehr peinlich, wenn die Sonde zu weit an Pluto vorbeifliegt oder gar unterwegs mit einem Objekt (z. B. dem Planeten Jupiter) kollidiert und dabei zerstört wird, oder? Wenn wir uns überlegen, wie weit Pluto entfernt ist (am sonnennächsten Punkt seiner Bahn fast 30 Astronomische Einheiten), sehen wir schnell ein, dass eine Echtzeitsteuerung, wie wir sie vom Fahrrad- oder Autofahren gewohnt sind, nicht infrage kommt. Das Licht braucht fast 500 s, um eine Astronomische Einheit zurückzulegen. Ein Steuerungssignal braucht demnach 15.000 s (etwas mehr als 4 h), um von der Erde zum Pluto zu gelangen. Beim Einparken mit dem Auto sehen wir, wann wir nahe genug am

Randstein sind, und drehen das Lenkrad entsprechend. Wenn die Sonde „sehen" würde, dass die Richtung zum Pluto stimmt, und das zur Erde meldet, braucht das Signal mehr als vier Stunden. Ein Signal mit einer Reaktion darauf braucht wieder mehr als vier Stunden, um bei der Sonde anzukommen. Mittlerweile hat die Sonde sich aber mit ca. 16 Kilometern pro Sekunde weiterbewegt – also etwa 240.000 km zurückgelegt. Mit solchen Zahlen vor Augen ist klar, dass alle wichtigen Bahndaten vorab genauestens berechnet werden müssen, die Fehlertoleranz sehr gering ist (wir kommen darauf zurück) und wegen der Konstruktion der Sonde (Treibstoff und Gewicht sparen etc.) nur minimale Kurskorrekturen möglich sind.

Methodischer Tipp für den Unterricht Die vielen großen Zahlen verlocken dazu, etwas auszurechnen, um ein besseres Verständnis der Größenordnungen zu erreichen. Die Sonde hat etwa fünf Milliarden Kilometer in etwa zehn Jahren zurückgelegt, hatte also eine durchschnittliche Geschwindigkeit von etwa 16 Kilometern pro Sekunde. Nun denken wir an eine Schülerin, einen Lehrer oder ein Elternteil, die oder der jeden Tag über eine Strecke von 32 km zur Schule pendelt. Je nach benutztem Verkehrsmittel, Fahrplänen, Staus etc. dauert das üblicherweise 30 bis 60 min pro Fahrt. Wie schön wäre es doch, wenn dies mit der Geschwindigkeit der Sonde ginge: nur zwei Sekunden bis zum Ziel. *Aber* – es gibt so viele Einwände. All die Einwände gegen das allererste – offenbar zu sehr vereinfachte Wunschmodell für das tägliche Pendeln mit Sondengeschwindigkeit – entstehen aus einem immer besseren Realitätsbezug. Das Wunschmodell zu zerpflücken, ist also eine gute Übung für den kritischen Umgang mit ersten Modellierungen oder Wunschmodellen. Für den gelungenen realitätsbezogenen Mathematikunterricht ist das eine sehr wichtige Übung, weil Modelle ja nicht wie Rechenaufgaben einfach richtig oder falsch, sondern mehr oder weniger realitätsnah und gut sind (vgl. Maaß 2015, S. 194 ff.).

Starten wir unsere Modellkritik mit einer Überlegung zur Reaktionszeit. Wenn wir uns auf das Autofahren konzentrieren, wach und nicht abgelenkt sind, können wir auf Ampeln, andere

Verkehrsteilnehmer und -teilnehmerinnen und plötzlich auf-
tauchende Hindernisse in etwa einer Sekunde oder vielleicht
sogar noch etwas schneller reagieren. Was aber passiert, wenn
wir in einer Sekunde 16 km zurücklegen? Wir haben nicht die
geringste Chance, auf irgendetwas (einen Stau, eine Ampel,...)
zu reagieren, und können keinesfalls davon ausgehen, dass wir
die 32 km lange Strecke hindernisfrei ganz für uns allein haben.
Also brauchen wir eine gute Fee, die für uns allein einen schnur-
graden Tunnel baut! Wenn wir diese Fee treffen und uns den
Tunnel wünschen dürfen, weil wir ihr geholfen haben, sollten wir gleich auch an die Reibungshitze denken und uns einen
Vakuumtunnel wünschen. Sonst bringt uns die Reibungshitze
um. Weshalb? Erinnern wir uns an die Bilder von Spaceshuttles,
die mit fast so großen Geschwindigkeiten aus dem erdnahen
Raum auf die Erdoberfläche zurückkehren.

Gehen wir noch einen Schritt weiter. Vielleicht hat ja jemand
nicht zuerst an die anderen Leute gedacht, die auch zur Arbeit
oder zur Schule wollen, sondern an das Gefährt, in dem gefahren
werden soll. Denken wir an einen schnellen Sportwagen, der in
4 s von null auf hundert Kilometer pro Stunde (nein, nicht pro
Sekunde!) beschleunigt werden kann. Wie lange müssen wir
theoretisch bei einem Supersportwagen voll aufs Gaspedal steigen, bis wir die Wunschgeschwindigkeit von 16 Kilometer pro
Sekunde erreicht haben? Etwa 10 min halten wir die etwa drei-
fache Erdbeschleunigung (3 G), die uns in den Sitz drückt,
locker aus – oder? Nun stimmt schon wieder etwas nicht: Wenn
wir 10 min Vollgas geben und dann bremsen, um zwei Sekunden lang mit 16 Kilometern pro Sekunde dahin zu sausen – wo
sind wir dann? Etwa 9600 km entfernt (wenn wir auch mit 3 G
abbremsen). Mit anderen Worten: Wir landen irgendwo in Afrika
oder Asien oder im Ozean, aber nicht dort, wo wir hinwollten.
Wenn wir andersherum rechnen und fordern, in einer Sekunde
auf die Wunschgeschwindigkeit von 16 Kilometern pro Sekunde
zu beschleunigen, brauchen wir dringend einen Trägheitsneu-
tralisator aus einem Science-Fiction-Film. Sonst drückt uns die
mehr als 1600-fache Erdbeschleunigung ziemlich platt. In diesem Fall hat die Modellkritik Freude bereitet – am Schluss bleibt
aber nur der Abschied vom Wunschmodell. Zum Ende dieser
Unterrichtssequenz bleibt zudem auch eine nachdenklich stim-

mende Frage: Machen nur wir unrealistische Wunschmodelle, die den Kontakt mit der Realität nicht aushalten? Wenn wir etwa die Medienmeldungen zum Brexit verfolgen, beschleicht uns der Verdacht, dass es auch andere mathematische Wunschmodelle (etwa zu ökonomischen Fragen) gibt, die jedoch weitaus größere Wirkungen haben als unsere kleine Zahlenspielerei zum Pendeln mit der Geschwindigkeit der Pluto-Sonde.

Wir schließen die Überlegungen zur Rolle der Mathematik im Projekt „New Horizons" mit einigen Überlegungen zur **Übertragung von Signalen.** Der ganze Flug zum Pluto wäre sinnlos, wenn es nicht gelungen wäre, die Fotos und Messergebnisse zurück zur Erde zu senden.

Betrachten wir die Frage mit etwas Humor, fällt sofort auf, dass es beim Pluto keinen Briefkasten gibt, in den die Sonde alles als Einschreiben und richtig frankiert stecken könnte. Auch die Telefondrahtlösung passt nicht: Das Kabel wäre sehr viel schwerer als die Sonde selbst. Also kommt nur Funk infrage; aus Energiegründen muss es wohl Richtfunk gewesen sein. Ein Radiosender (oder Fernsehsender), wie wir ihn aus vielen Städten kennen, sendet in alle Richtungen und braucht sehr viel mehr Energie, als der Sonde zur Verfügung steht. Damit ergibt sich eine schwierige Rechenaufgabe: Wohin genau muss die Sendeantenne ausgerichtet sein, damit ihr Signal auf der Erde möglichst gut empfangen werden kann? Ein Handballer, der im Sprungwurf versucht, den Ball am gegnerischen Torwart vorbei ins Tor zu werfen, hat eine wesentlich leichtere Aufgabe!

Welche Signale werden von der Sonde zur Erde geschickt? Eines der scharfen Fotos vom Pluto, wie sie z. B. bei Wikipedia zu sehen sind (https://de.wikipedia.org/wiki/Pluto), wurde sicher nicht Pixel für Pixel gesendet, sondern vermutlich in einem komprimierten Format wie .jpg. Wir verzichten hier auf einen Exkurs in die Geschichte der Datenspeicherung, Datenkomprimierung etc. und erinnern daran, dass all das schöne Beispiele für erfolgreiche Anwendungen von Mathematik sind.

Fallen Ihnen noch mehr Anteile von Mathematik an der Pluto-Mission ein? Dann haben wir Sie sicher davon überzeugt, dass die ganze Mission ohne Mathematik nicht stattgefunden hätte; sie ist ein großer Erfolg der Mathematik, auf den wir Mathematikerinnen und Mathematiker stolz sein können.

Was hat der Erfolg der Sonde mit dem Mathematikunterricht zu tun?

Im Mathematikunterricht wird üblicherweise nicht über die verschiedenen Anwendungen der Mathematik in Wissenschaft, Technik und Gesellschaft gesprochen, wenn sie nicht zumindest den Hintergrund für die gerade zu lösende Aufgabe bilden. Der Hintergrund bleibt jedoch meist ganz bewusst sehr vage, weil im Unterricht keine Zeit dafür verwendet (oder verschwendet, wie es bisweilen im Zusammenhang mit Debatten über den Unterricht geäußert wird) werden soll. Weshalb sollen wir uns mit banktechnischen Details wie Gebühren, Wertstellungen oder Steuern und Versicherungen beschäftigen, wenn nur ausgerechnet werden soll, wie viele Zinsen 100.000 EUR erbringen, die über 10 Jahre zum Zinssatz von 5 % auf ein Konto gelegt werden? Unsere Gegenfrage: Was bringt eine solche Rechnung, wenn sie nicht viel mit realen Geldgeschäften zu tun hat?

Im Jahre 1993 haben Jürgen Maaß und Wolfgang Schlöglmann im Kreise von ISTRON (http://www.istron.mathematik. uni-wuerzburg.de/) vorgeschlagen, im Mathematikunterricht über erfolgreiche Projekte aus der Industriemathematik zu berichten – ohne etwas auszurechen (Maaß und Schlöglmann 1993). Obwohl in der Gruppe ISTRON jene Mathematikdidaktiker und Mathematikdidaktikerinnen organisiert sind, die sich Verbesserungen des Mathematikunterrichts durch mehr Realitätsbezug zur Aufgabe gemacht haben, wurde der Vorschlag so massiv abgelehnt, dass wir ihn für viele Jahre nicht mehr verfolgt haben. Das Hauptargument dagegen beruhte auf einem als typisch eingeschätzten Verhalten von Mathematiklehrerinnen und Mathematiklehrern: Sie wollen – so wurde seinerzeit argumentiert – nur das im Unterricht behandeln, was sie selbst vollständig beherrschen und im Zweifelsfall bis ins Detail vorrechnen bzw. beweisen können. Mit anderen Worten: Sie wollen auf keinen Fall einer Nachfrage ausgesetzt sein, die sie nicht zumindest prinzipiell vollständig und korrekt beantworten können. Diese Haltung ist uns (Jürgen Maaß und Wolfgang Schlöglmann) seinerzeit von so vielen Seiten bestätigt worden, dass wir sie akzeptieren mussten.

Mittlerweile hat sich die Situation jedoch ein wenig geändert, weil vielerorts und selbstverständlich elektronische Hilfsmittel im Mathematikunterricht verwendet werden, ohne dass die Lehrkraft ganz genau erklären kann, wie ein Taschenrechner einen Sinuswert oder eine Wurzel berechnet oder gar, wie ein Programm wie GeoGebra im Detail funktioniert. Der Bann ist gebrochen – nun kann vielleicht auch etwas offener als vor fast 30 Jahren diskutiert werden, weshalb Mathematikunterricht so andere Ansprüche erfüllen muss als der Unterricht in Deutsch, Kunst oder Musik. Selbstverständlich gehören Werke großer Künstler und Künstlerinnen zum Unterrichtsstoff, obwohl allen Beteiligten völlig klar ist, dass die jeweilige Lehrkraft nicht so gut schreiben kann wie Goethe, so gut malen kann wie Rembrandt oder so gut komponieren kann wie Bach oder Beethoven (um nur eine kleine Auswahl von Künstlernamen zu nennen). Wenn eine Mathematiklehrerin oder ein Mathematiklehrer die erfolgreiche Mission der Sonde „New Horizons" zum Thema des Unterrichts macht, wissen ebenso selbstverständlich alle Beteiligten, dass diese Lehrkraft die vielen nötigen Berechnungen nicht durchgeführt hat und vermutlich auch nicht durchführen könnte – na und? Das soll uns nicht daran hindern, die Sonde zu unserem Thema zu machen – und unseren Stolz auf diesen Erfolg mathematischer Technologie (vgl. Maaß und Schlöglmann 1989; Neunzert und Trottenberg 2007), deutlich zu zeigen.

Einige Vorschläge zur näherungsweisen Berechnung der Flugbahn der Sonde

Uns ist durchaus bewusst, dass es einigen Mathematiklehrerinnen und Mathematiklehrern gar nicht wohl bei dem Gedanken ist, im Mathematikunterricht über Mathematik und ihre Anwendungen „nur" zu reden. Deshalb wenden wir uns nun einigen Versuchen zu, die Bahn einer Sonde zum Pluto in der Schule näherungsweise zu berechnen. Dazu zwei Vorbemerkungen:

1. Die hier angedeuteten Modellierungen und Berechnungen sind in der Diplomarbeit, die diesem Text zugrunde liegt (Spiegl 2016), sehr ausführlich behandelt worden. Wir können uns in diesem Text mit diesem allgemeinen Verweis (und den Hinweisen auf die zum jeweils vorgestellten konkreten Modell entsprechenden Seitenzahlen in der Diplomarbeit) auf leicht zugängliche Details auf das Wesentliche konzentrieren: Modellannahmen, Berechnungsergebnisse und Modellkritik auf dem Weg zu einem besseren Modell.

2. Wenn wir in der Schule etwas näherungsweise berechnen, nehmen wir üblicherweise zwei Stellen hinter dem Komma. Da wir üblicherweise nicht mit realitätsnahen Werten rechnen und unsere Berechnungen in der Regel auch keine Auswirkungen auf die Realität haben (außer den Lernwirkungen bei den Schülerinnen und Schülern, wie etwa der Einstellung zur Mathematik und ihrem Realitätsgehalt), passen diese zwei Stellen hinter dem Komma meist gut. Nehmen wir als ersten sehr groben Anhaltspunkt für die mindestens notwendige Genauigkeit die Distanz zum Pluto (5 Mrd. km) und den Abstand, in dem die Sonde Pluto passiert hat (12.500 km), dann brauchen wir mindestens 10 hoch minus sieben (ein Zehnmillionstel) an Genauigkeit, um Pluto zu treffen. Vermutlich brauchte die reale Sonde wesentlich mehr…

Den Gepflogenheiten des Modellierens in der Schule entsprechend beginnen wir mit einem **ersten** (extrem vereinfachten) **Modell:** Wir nehmen bewusst außerordentlich vereinfachend an, das Sonnensystem sei eine Scheibe, in der alle Objekte fixiert (also unbeweglich) sind. Die Entfernung Erde – Pluto auf dieser Scheibe betrug für die Sonde etwa 5.000.000.000 km (fünf Milliarden Kilometer – wir verwenden die allgemein zugänglichen Daten von Wikipedia über Pluto https://de.wikipedia.org/wiki/Pluto und die Sonde „New Horizons" https://de.wikipedia.org/wiki/New_Horizons), die Reisezeit war etwas weniger als 10 Jahre (3463 Tage vom 19.01.2006 bis zum 14.07.2015). Das ergibt eine Geschwindigkeit von etwa 16,71 Kilometern pro Sekunde. Die „tatsächliche" Geschwindigkeit betrug etwa 16,21 Kilometer pro Sekunde. Tatsächlich ist dies eine riskante oder sogar irreführende Formulierung, weil wir mit unserer Scheibenannahme ganz nebenbei etwas fixiert haben, was in der Realität einer eigenen Erörterung bedarf: Geschwindigkeit bezieht sich immer auf andere Objekte. Im Moment des Vorbeifluges betrug die Geschwindigkeit der Sonde (laut Wikipedia) in Bezug auf Pluto knapp 14,5 Kilometer pro Sekunde, in Bezug auf die Erde jedoch mehr als 20 Kilometer pro Sekunde (https://www.welt.de/wissenschaft/weltraum/article144313534/ Wir-rasen-mit-rund-einer-Million-km-h-durch-das-All.html; zur Erläuterung der Bezugssysteme vgl. Spiegl 2016, S. 35 ff.).

Modellkritik Selbstverständlich ist das Sonnensystem keine Scheibe, alles bewegt sich, die Sonde ist nicht einfach geradeaus geflogen, … und unser erstes Modell hat noch viele weitere Vereinfachungen. Wir sind sehr verblüfft darüber, dass wir dennoch so genau an den „realen" Wert gekommen sind. Woran kann das liegen? Wir haben eine Durchschnittsgeschwindigkeit berechnet, die mehr oder weniger zufällig der tatsächlichen Durchschnittsgeschwindigkeit nahekommt. Die reale Sonde ist mit verschiedenen Geschwindigkeiten geflogen. Anfangs war sie deutlich schneller, mit wachsender Entfernung von der Sonne wird sie langsamer (vgl. das Diagramm im Wikipedia-Beitrag https://de.wikipedia.org/wiki/New_Horizons#Flugbahn).

Auch mit einem so extrem vereinfachten Modell können wir etwas über unser Sonnensystem und die Entfernungen darin lernen. Wir schlagen dazu vor, dass Sie z. B. mit dem von GEOlino ins Netz gestellten Modell unseres Sonnensystems (https://www.geo.de/geolino/forschung-und-technik/4917-rtkl-weltraum-unser-sonnensystem) ein wenig rechnen. Nehmen Sie an, von der Erde sollen Sonden zu allen Planten gesendet werden. Und die Planeten wären wie im Bild alle auf Kreisen um die Sonne unterwegs und zu einem Zeitpunkt sogar auf einer Line, die alle Kreise schneidet. Weiter unten auf der GEOlino-Site finden Sie Angaben zur Entfernung der Planeten von der Sonne. Nun können Sie eine Geschwindigkeit annehmen (etwa 15 Kilometer pro Sekunde) und den Taschenrechner mit großen Zahlen füttern: Wie lange würde eine Sonde unter diesen Annahmen zum Planeten Saturn fliegen?

Was können und sollen wir an unserem Modell verbessern, um realitätsnäher zu werden? Wir haben einige Ideen aufgelistet und skizzieren – unter Verweis auf die genaueren Ausarbeitungen in der Diplomarbeit –, wie sich die Ideen in der Schule umsetzen lassen. Der generelle Wille ist, unser allererstes Modell schrittweise zu verbessern, indem wir es realitätsnäher gestalten. Dabei ist uns schon jetzt bewusst, dass wir mit Schulmathematik nur einen gewissen Grad an Annäherung nachvollziehen können – spannend ist, wo unsere Grenze liegt. Wie weit kommen wir mit unseren mathematischen Mitteln?

Winkelgeschwindigkeit der Himmelskörper

Wenn wir in unserem Modell berücksichtigen wollen, dass Pluto und Erde nicht an einem fixen Platz auf einer Scheibe verharren, sondern sich um die Sonne bewegen, stoßen wir auf den Begriff der Winkelgeschwindigkeit (vgl. Spiegl 2016, S. 59 ff.). Wenn wie gelernt die Erde ein Jahr braucht, um einmal um die Sonne zu kreisen, benötigt Pluto etwas mehr als 247 Jahre für eine Umrundung.

Wie schnell ist die Erde? Ihr mittlerer Abstand zur Sonne beträgt etwa eine Astronomische Einheit, also 149,6 Mio. km. Wenn sie in einem Jahr einmal um die Sonne kreist (nehmen wir vereinfachend eine Kreisbahn an), dann legt sie den vollen Kreisumfang $(2 \cdot \pi \cdot r)$ in einem Jahr zurück, also etwa 939,5 Mio. km in 365 Tagen oder 8544 h, kurz: Wir auf der Erde sausen mit mehr als 100.000 Kilometern pro Stunde durchs All. Im Vergleich dazu ist Pluto mit einer mittleren Geschwindigkeit von etwa 16.800 Kilometern pro Stunde relativ langsam. Da Pluto wie erwähnt nicht „kreist", sondern eine elliptische Bahn hat, ist es hier einfacher, den Wert aus der Fülle der Informationen über Pluto im Internet zu entnehmen. Ein ungefährer Näherungswert lässt sich aber auch berechnen, indem aus der Ellipse ein Kreis mit mittlerem Abstand gebildet wird. Bevor wir nun beginnen, darüber nachzudenken, wie die Sonde notfalls die verschiedenen Winkelgeschwindigkeiten ausgleichen kann, konzentrieren wir uns auf die Bedeutung der Winkelgeschwindigkeiten für die Bewegung der Sonde. Dazu brauchen wir wieder eine Antwort auf die Frage, in welchem Bezugssystem wir denken und rechnen wollen.

Die Sonde startete in Cape Canaveral im US-Bundesstaat Florida: Bietet sich dieser konkrete Ort als Bezugssystem für die Mission an? Sicher nicht: Dieser Ort dreht sich mit der Erdoberfläche und bewegt sich mit der Erde rund um die Sonne. All das ist schon kurz („kurz" im Vergleich zur gesamten Flugdauer) nach dem Start für die Sonde völlig irrelevant, für die notwendigen Berechnungen aber sehr rechenaufwendig. Ähnlich ungünstig wäre es, wenn wir Pluto oder gar einen bestimmten Ort auf Pluto als Bezugssystem wählen. Was bietet sich an? Wir wählen die Sonne als Bezugssystem. Alle Bewegungsabläufe, welche von Interesse sind, wenn man eine Reise von der Erde zum Pluto beschreiben möchte, finden innerhalb dieses Systems statt. Deshalb kann im Bezugssystem „Sonnensystem" auch ein ganzheitliches Bild der Bewegungsabläufe erzielt werden. Aus dieser Sicht kann die Winkelgeschwindigkeit der Erde genutzt werden, um ein günstiges Zeitfenster für den Start zu bestimmen (sehr ungünstig wäre es offensichtlich, wenn die Erde sich zum Zeitpunkt des Startes von der Sonne aus gesehen auf der entgegengesetzten Seite wie Pluto befinden würde). Für die Wahl des günstigsten Startzeitpunktes ist aber auch wichtig, wo sich Pluto befinden wird, wenn die Sonde ihn erreichen soll (also nicht zum Zeitpunkt des Startes, sondern etwa 9,5 Jahre später).

Winkelgeschwindigkeit – „genaues" Zielen

Ziel der Mission war es, nahe an Pluto vorbeizufliegen; einerseits nahe genug, um gute und genaue Messungen zu machen, und andererseits weit genug entfernt, um nicht gefährdet zu sein. 12.500 km Abstand scheint in diesem Sinne ein günstiger Abstand gewesen zu sein, wie die Bilder und andere Messdaten beweisen (https://de.wikipedia.org/wiki/Pluto). Nachdem wir uns entschlossen haben, vom einfachen Scheibenmodell weiter zu realitätsnäheren Modellen voranzuschreiten, können wir nun überlegen, ob wir die Situation des nahen Vorbeifluges modellieren können. Die Sonde nähert sich dem Pluto von „innen", also aus Richtung Sonne, während Pluto sich längs seiner Bahn bewegt.

Methodische Anmerkung: Zu den Standardaufgaben im Mathematikunterricht gehören Bewegungsaufgaben, bei denen sich zwei Personen auf demselben Weg (z. B. dem Radweg längs eines Donauufers) in derselben Richtung oder aufeinander zu bewegen. Wir wollen nun ein Modell bilden, in dem eine Dimension hinzukommt, weil sich Sonde und Pluto in derselben Ebene bewegen.

Ein sehr oft hilfreicher Schritt auf dem Weg zu einem Modell und zu Berechnungen ist eine Skizze (siehe Abb. 1), in der die relevanten Größen eingezeichnet werden. Was ist hier relevant? Wir haben Pluto zum Zeitpunkt t_1 und die Sonde zum Zeitpunkt t_1. Dann haben wir einen zweiten Zeitpunkt t_2, an dem die Sonde den Pluto-nächsten Punkt erreicht bzw. die Plutobahn quert. Zu diesem Zeitpunkt ist die Sonde 12.500 km von Pluto entfernt.

Einige Überlegungen folgen aus der Planung und anschließenden Betrachtung der Skizze. Wenn der Zeitunterschied zwischen den beiden Zeitpunkten t_1 und t_2 gering ist, können wir die Plutobahn näherungsweise als Gerade betrachten. Wir kennen diesen Trick aus der Analysis, wo wir damit arbeiten, dass irgendwelche Funktionen in einer kleinen Umgebung des interessanten Funktionswertes (von dem wir z. B. die Steigung wissen wollen) näherungsweise durch eine Gerade beschrieben werden können. Dieselbe Überlegung gilt auch für die Sonde.

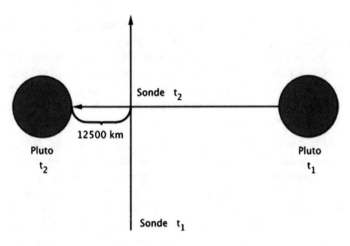

Abb. 1 Skizze zum Vorbeiflug

In der Diplomarbeit von Spiegl finden sich einige Berechnungen zum Unterschied von Kreis- bzw. Ellipsenbahn und Gerade (Spiegl 2016, S. 64 ff.).

Hier ist noch zu erwähnen, dass wir in unserem Modell von gleichförmiger Bewegung ausgehen. Pluto legt pro Sekunde 4,67 km zurück, die Sonde 14,5 km. Wir versuchen eine Proberechnung für den Zeitpunkt t_1 mit der Annahme, dass wir uns eine Stunde vor dem Treffen zum Zeitpunkt t_2 befinden. Wo befanden sich Pluto und die Sonde?

Distanz (Pluto) = 4,67 Kilometer pro Sekunde $\cdot$ 3600 s = 16.812 km (das stimmt erfreulich genau mit der oben zitierten Angabe von Wikipedia überein!)

Distanz (Sonde) = 14,5 Kilometer pro Sekunde $\cdot$ 3600 s = 52.200 km

Bedenken wir, dass wir uns näherungsweise in einem rechtwinkligen Dreieck befinden, können wir mit Pythagoras ausrechnen, dass eine Stunde vorher die Sonde etwa 54.840 km von Pluto entfernt war. In dieser Stunde passiert Pluto die Stelle, an der die Sonde seine Bahn kreuzen wird. Wann genau?

12.500 km/4,67 Kilometer   pro   Sekunde = 2676 s.   Der gesuchte Zeitpunkt ist etwa 45 min vorher.

Wir vermerken mit Bewunderung für die Genauigkeit der Sondensteuerung, dass schon ein sehr kleiner Fehler (45 min durch 9,5 Jahre Reisedauer, etwa ein Neunmillionstel) dazu geführt hätte, dass die Sonde Pluto trifft, statt wie gewünscht nahe daran vorbeizufliegen.

Modellkritik Wir haben einfach angenommen (die Skizze hat uns dazu verführt), dass die Sonde die Plutobahn gekreuzt hat, nachdem Pluto diesen Punkt gequert hat. Wir könnten die Skizze auch so zeichnen, dass Pluto im Moment der größten Annäherung noch 12.500 km vom Schnittpunkt der Bahnen entfernt ist, also etwa 45 min später diesen Punkt erreicht. Für die reale Sonde war das sehr wichtig (wohin sollen die Kameras schauen? Etc.), für unsere kleine Modellrechnung nicht.

Unterschiedliche Rotationsebenen

In unserem ersten Scheibenmodell haben wir alles in einer Ebene platziert, auf einer Scheibe. Tatsächlich befinden sich die Bahnen von Erde und Pluto nicht in einer Ebene, sondern in zwei unterschiedlichen, die von der Sonne aus gesehen um 17° zueinander gekippt sind (siehe Abb. 2).

In der Diplomarbeit von Spiegl (2016, S. 74 ff.) wird genauer ausgeführt, wie sich die Entfernungen mit dreidimensionalen Koordinaten ausrechnen lassen. Positionswerte von bewegten

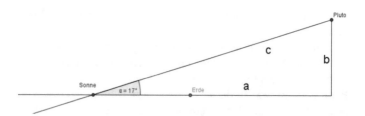

Abb. 2 Verschiedene Rotationsebenen (Spiegl 2016, S. 73)

astronomischen Objekten, Ephemeriden, können in einschlägigen Fachbüchern nachgeschlagen oder z. B. unter http:// ssd.jpl.nasa.gov/horizons.cgi abgefragt werden.

Hier versuchen wir mit wesentlich einfacheren mathematischen Mitteln zu verstehen, wie sich die Entfernung ändert, wenn wir in unserem Modell etwas genauer rechnen und die Sonde dreidimensional fliegen und dabei in die Plutoebene wechseln lassen.

Die Abb. 2 führt uns dabei in Versuchung, ein Dreieck zu betrachten, das senkrecht zur Ebene liegt, in der die Erde um die Sonne kreist. Wenn wir einen passenden Zeitpunkt wählen, sind die Eckpunkte des Dreiecks die Sonne, Pluto und der Lotfußpunkt L von Pluto auf die Ebene, in der die Erde und die Sonne kreisen. Am Rande sei vermerkt, dass die Modellannahme, die Sonne sei ein „Punkt", recht gewagt ist, wenn wir nachschlagen, wie groß die Sonne eigentlich ist. Wir können natürlich auch von den jeweiligen Schwerpunkten von Sonne, Erde und Pluto reden, um mithilfe dieses Abstraktionsschrittes von Körpern mit sehr großer realer Ausdehnung auf „Punkte" im Sinne der Geometrie zu kommen.

Wenn wir uns an die Informationen über Pluto und die Erde erinnern, so ist ein günstiger Zeitpunkt für dieses Modell etwa so, dass Pluto ca. 30 Astronomische Einheiten von der Sonne entfernt ist und die Erde (wie immer) ca. eine AE. Wir können also beginnen, zu rechnen (Abb. 3).

Was möchten wir ausrechnen? Wie ändert sich der Weg der Sonde, wenn sie nicht in einer Ebene von der Erde zum Pluto fliegt, sondern im Raum? Durch ein vereinfachtes Modell berechnen wir zur Beantwortung die Differenz zwischen den Entfernungen Erde – Lotfußpunkt L und Erde – Pluto.

Mit einem vertieften Blick auf die Skizze und etwas Geometrie aus der Sekundarstufe I bestimmen wir die Länge von b (8,77 AE) über den Sinus von Alpha:

$$\sin \alpha = b/c$$

Die Stecke a (28,7 AE) ist dann die Wurzel aus $c^2 - b^2$, die Strecke von der Erde zum Lotfußpunkt = a minus 1 und Erde – Pluto = Wurzel aus $(a - 1)^2 + b^2$ (= ca. 29 AE).

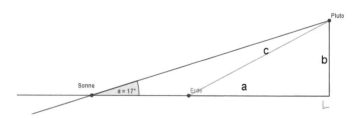

Abb. 3 Erweiterte Skizze 2

Die Sonde muss also statt 27,7 AE etwa 29 AE zurück-legen. 1,3 AE ist der 1,3- fache Abstand Erde – Sonne oder etwa 195 Mio. km.

Swing-by am Jupiter

Überlegungen zur Frage, ob unsere Sonde auf dem Weg zum Pluto mit einem anderen Himmelskörper zusammenstoßen kann (vgl. Spiegl 2016, S. 78 ff. zum Stichwort Planten-„Crash"), bringen uns der realen Flugbahn noch näher. Die Sonde ist nämlich gar nicht direkt zum Pluto geflogen, sondern hat einen Umweg zum Jupiter gemacht, um Pluto schneller zu erreichen. Kluge Leute haben herausgefunden, dass eine Sonde, die auf einem Kurs nahe an einem Himmelskörper vorbeifliegt, dadurch eine Beschleunigung erfahren kann – sie fliegt danach schneller, ohne eigenen Treibstoff einsetzen zu müssen (https://de.wikipedia.org/wiki/Swing-by oder etwas schwieriger zu lesen: http://www.gravityassist.com/#_Toc127789951, mit dem physikalischen Hintergrund in Müller (2015)). Um diesen Trick mit der Sonde „New Horizons" ausführen zu können, musste einerseits eine günstige Konstellation vorliegen und andererseits sehr viel und sehr genau gerechnet werden. Schließlich soll die Sonde nicht mit Jupiter oder einem seiner Monde kollidieren, und anderseits soll sie anschließend genau Richtung Pluto und nicht irgendwohin fliegen. Offenbar ist das gelungen.

Die Berechnungen, die notwendig sind, um die eine reale Sonde auf einen solchen idealen Kurs zu senden, können in der Schule nicht durchgeführt werden. In der Diplomarbeit finden sich einige Berechnungen zur Frage, wie das Manöver den realen Flug der Sonde beeinflusst hat (Spiegl 2016, S. 88 ff.), die wir hier nicht im Einzelnen wiedergeben. Anschaulich lässt sich das Ergebnis des Swing-by-Manövers so zusammenfassen, dass sich der Umweg zum Jupiter gelohnt hat, weil die Sonde anschließend mit etwa 3,9 Kilometern pro Sekunde schneller weitergeflogen ist. Obwohl Jupiter sehr weit von der Erde entfernt ist, ist Pluto so viel weiter entfernt, dass der Umweg etwa 2 Jahre Zeit gespart hat.

Anmerkung zur Didaktik Im Internet gibt es Programme, die es ermöglichen, Swing-by-Manöver zu simulieren (z. B. hier: https://github.com/AlbertFaust/gravity-assist). Mit einem solchen Programm als Blackbox können Projekte gestartet werden, die derartige Manöver in den Mittelpunkt stellen. Um einen geeigneten und motivierenden Rahmen dafür zu finden, bietet sich ein Ausflug in die Science-Fiction an: Stellen wir uns eine Firma mit Sitz auf dem Planeten Merkur vor, die von dort Frachten ins ganze Sonnensystem verschickt. Angeboten werden verschiedene Tarife für verschiedene Flugrouten: direkt (kleiner Startschub, dann langer Flug bis zum Ziel), Swing-by (wo möglich) oder teuer: ständige Beschleunigung und Abbremsung nach der halben Flugstrecke (mit einem Antrieb aus der Science-Fiction und relativistischen Effekten, weil deutlich höhere Geschwindigkeiten erreicht werden – dazu muss mehr gerechnet werden). Beschränken wir uns zunächst auf die Varianten 1 und 2 und überlegen, wie bei einem Start am 01.01.2500 eine Route zum Uranus berechnet werden kann.

Hier haben wir eine Übung für Fortgeschrittene – die aber zum Ausgleich längerfristig motivieren kann. Schauen Sie einfach mal in das Buch von Müller (2015) und probieren Sie ein Swing-by-Manöver zu berechnen. Wenn Ihnen das gelingt, steht der Gründung der Swing-by-Raketenflugfirma kaum noch etwas im Wege!

Wir hoffen aufgezeigt zu haben, wie sich ein Ereignis wie der erfolgreiche Flug der Sonde „New Horizons" zum Pluto und daran vorbei für einen motivierenden Mathematikunterricht nutzen lässt und wünschen viel Erfolg beim eigenen Unterrichtsversuch!

Literatur

Maaß, J.: Modellieren in der Schule. Ein Lernbuch zu Theorie und Praxis des realitätsbezogenen Mathematikunterrichts, Reihe „Schriften zum Modellieren und zum Anwenden von Mathematik". WTM Verlag, Münster (2015)

Maaß, J., Schlöglmann, W. (Hrsg.): Mathematik als Technologie? Wechselwirkungen zwischen Mathematik, Neuen Technologien, Aus- und Weiterbildung. Deutscher Studien Verlag, Weinheim (1989)

Maaß, J., Schlöglmann, W.: Der Stoßofen – Ein Beispiel für Industriemathematik als Unterrichtsthema. In: Blum, W. (Hrsg.) Anwendungen und Modellbildung im Mathematikunterricht. Verlag Franzbecker, Hildesheim (1993)

Müller, R.: Klassische Mechanik: Vom Weitsprung zum Marsflug, 3. Aufl. De Gruyter, Berlin (2015)

Neunzert, H., Trottenberg, U.: Mathematik ist Technologie. Ein Beitrag zur Innovations-Initiative aus Fraunhofer-Sicht, Kaiserslautern und Sankt Augustin. http://publica.fraunhofer.de/documents/N-60153.html (2007)

Spiegl, M.: Eine schulmathematische Betrachtung der Raumsonde New Horizons, Diplomarbeit, Universität Linz. Im Internet zu finden unter. http://epub.jku.at/obvulihs/content/title-info/1315429 (2016)

Motorradfahren als Thema für realitätsbezogenen Mathematikunterricht

Jürgen Maaß

Jedes Jahr suchen viele Menschen in Österreich eine „echte" Herausforderung auf steilen und kurvenreichen Bergstraßen. Sie fahren deshalb mit ihren mehr oder weniger großen, schweren und kostbaren Motorrädern über Pässe und andere Bergstraßen. Jährlich gibt es in Österreich etwa 3000 verletzte und knapp 100 tote Motorradfahrerinnen und Motorradfahrer. Zum Vergleich: Es gibt knapp 26.000 Verletzte und knapp 200 Tote bei Pkw-Unfällen. Unfallursache bei den Motorrädern ist oft ein zu riskantes Überholen, ein Unterschätzen der Kräfte, die beim Kurvenfahren auftreten, oder ein Überschätzen der eigenen Kräfte und Reaktionsmöglichkeiten. Wie bei anderen Kraftfahrzeugtypen gibt es auch einen bedauernswert großen Anteil an jungen Menschen bei den Unfallopfern.

J. Maaß (✉)
School of Education, Institut für Didaktik der Mathematik,
Johannes Kepler Universität Linz, Linz, Österreich
E-Mail: juergen.maasz@jku.at

© Springer-Verlag GmbH Deutschland, ein Teil von Springer   113
Nature 2019
J. Maaß (Hrsg.), *Attraktiver Mathematikunterricht*,
https://doi.org/10.1007/978-3-662-60479-3_8

Ziele für den vorgeschlagenen Unterrichtsverlauf

Zwei Arten von Zielen stehen auf dem Programm, Verkehrserziehung und Wissen über Mathematik, genauer über die
Möglichkeiten, mithilfe von mathematischer Modellierung einen
Aspekt der Realität besser zu verstehen.

Verkehrserziehung im Mathematikunterricht kann über mahnende Hinweise wie „Fahrt vorsichtig!", „Achtet beim Überqueren einer Straße besonders auf Motorräder – die fahren oft
sehr schnell!" in ihrer Wirksamkeit deutlich hinausgehen, wenn
solche Mahnungen aus der eigenen Erforschung der Physik des
Motorradfahrens resultieren. Wer selbst ausrechnet, wie lange
es dauert, ein anderes Fahrzeug zu überholen, oder welche
Kräfte auftreten, wenn ein Motorrad schnell durch eine Kurve
gesteuert wird, kann daraus etwas für das eigene Leben als
Verkehrsteilnehmerin oder -teilnehmer lernen. Wenn das hier
vorgeschlagene Unterrichtsprojekt dazu beiträgt, auch nur einen
Unfall zu vermeiden (oder gar ein Leben zu retten), ist die dafür
notwendige Unterrichtszeit ohne Zweifel gut investiert.

Lehrziele für den Mathematikunterricht wie „Anwendungsbezug", „Modellieren" oder „Erziehung zur Mündigkeit" finden
sich in vielen Formulierungen in den Lehrplänen. Hier – wie in
den anderen Beispielen in diesem Buch – besteht die Chance,
ihnen mehr gerecht zu werden als beim vorherrschenden Aufgabentraining. Eine Fragestellung aus der Lebenswelt der Schülerinnen und Schüler wird von ihnen selbst mithilfe mathematischer
Methoden untersucht und – mit in der Schule erreichbarer und
sinnvoller Genauigkeit – beantwortet.

Didaktische Vorbemerkung Wenn in der Schule über ein
Thema für realitätsbezogenen Mathematikunterricht nachgedacht
wird, gehört auch die Frage dazu, für wen (= für welche Schülerinnen und Schüler) dieses Thema relevant und motivierend
sein kann. Bei einigen Themen (wie etwa Handytarife, vgl. Maaß
2015, Kap. 2) den unmittelbaren Nutzen vor Augen scheinen den
Schülerinnen und Schülern erfahrungsgemäß mathematische

Hindernisse viel kleiner und leichter überwindbar. Hier haben die Lehrenden die Hoffnung, dass diese für alle oder zumindest viele Schülerinnen und Schüler auch subjektiv interessant sein werden. Bei anderen Themen nehmen sie an, dass nicht alle davon begeistert sind, dafür aber einige umso mehr. Sollen sie auch solche Themen (wie eben das Motorrad) vorschlagen und behandeln? Zwei wesentliche Gründe sprechen dafür. Einerseits gibt es, wenn wir die veröffentlichten Unterrichtsvorschläge überblicken, fast nur solche Themen, die nicht für alle Lernenden schon vor Beginn des Unterrichts ganz wichtig und interessant sind. Zum anderen ist das zentrale Argument für ein solches Thema die angestrebte Transferkompetenz, also die Hoffnung, dass die Lernenden dann, wenn sie ein solches Thema bearbeitet haben, möglichst selbstständig in der Lage sind, ein ähnliches Thema, das für sie selbst wichtig ist, eigenständig zu bearbeiten – also insbesondere nach der Schule. Kurz gesagt: Hier geht es um das Lernen für das Leben. Voraussetzung dafür, dass diese Hoffnung nicht umsonst ist, sind rückblickende Reflexionsphasen, in denen während des Projektes und nachher gemeinsam mit allen Schülerinnen und Schüler überlegt wird, was sie auf welche Weise gemacht haben und was sie daraus für ähnliche Projekte lernen können. Kurz: Nicht nur das Ergebnis allein, sondern insbesondere die Wege dorthin sind wichtig und bedenkenswert.

Einige Modelle zum Überholen

Worauf kommt es beim Überholen an? Hier hängt es von der Erfahrung der Schulklasse mit eher offenen Problemstellungen ab, ob die Ausgangsfrage so allgemein gestellt wird oder ein exemplarisches Beispiel für eine Überholsituation beschrieben wird, etwa: Auf einer geraden Landstraße fährt ein Lkw mit 80 Kilometern pro Stunde. Ein Motorrad nähert sich mit 100 Kilometern pro Stunde und möchte überholen.

Mit einer solchen Frage und einer anschließenden Sammel- und Sortierphase für die Antworten der Schülerinnen und Schüler kann der Unterricht starten. Ich weiß nicht, welche Ideen an

dieser Stelle eingebracht werden könnten, helfe aber ein wenig
beim Sortieren. Ein sehr effizienter, aber meist für die Lernenden
zum Nachvollziehen zu schneller Filter ist das Wissen der Lehrkraft, was für den geplanten weiteren Unterricht wichtig ist und
was nicht. Ich empfehle dringend, genau diesen Filter nicht zu
benutzen: Wie sollen die Lernenden sonst jemals lernen, wie sie
selbst und ohne Lehrkraft entscheiden können, welche Aspekte
einer Situation relevant sind?

Ich nehme einige fiktive Beispiele, um das zu erläutern.
Eine Schülerin fragt mit einem Blick auf den vereisten Schul-
hof, ob die Straße im Beispiel auch vereist ist. Die Lehrkraft
weiß selbstverständlich, dass die Modellrechnung viel einfacher ist, wenn ideale Fahrbedingungen (Fahrbahn, Sicht etc.)
angenommen werden. Wegen des allgemeinen Lehrziels „Selbstständigkeit" sollte sie aber an dieser Stelle nicht einfach sagen,
dass die Rechnung mit vereister Fahrbahn zu kompliziert wird,
sondern Hinweise wie diesen sammeln und später beim Sortieren aller Ideen in der Klasse beraten lassen, ob auch diesem
Hinweis nachgegangen wird. So kann später im Unterrichtsverlauf entschieden werden, ob die erste, einfache Modellierung
mit idealer Fahrsituation realitätsnäher und damit komplizierter
gestaltet werden soll, indem unterschiedliche Fahr(bahn-)situa-
tionen modelliert werden.

Ein Schüler weist darauf hin, dass er sich zu seinem Motorrad eine möglichst grellbunte Jacke wünscht, damit ihn alle
früher erkennen können. So wird er auch sicherer überholen
können, weil der Gegenverkehr ihn besser sieht und eher bremsen kann, wenn es notwendig ist. Was nun? Im physikalischen
Modell zu Berechnungen von Wegen, Geschwindigkeiten und
Beschleunigungen kommt die Farbe der Jacke auch dann nicht
vor, wenn physikalisch sehr realitätsnah (und mit viel höherer
Mathematik) gearbeitet wird. Dennoch sollte die Lehrkraft diesen Hinweis nicht einfach ignorieren, sondern in der Schulklasse
zur Diskussion stellen. Im Sinne der Verkehrserziehung sollte das
Ergebnis dieser Diskussion sein, dass Überholende sich *nie* darauf verlassen dürfen, dass der Gegenverkehr rechtzeitig bremst.
Grelle Farben, ein großzügiger Einsatz von Hupe und Lichthupe
etc. können in kritischen Situationen eventuell helfen, aber eine

Garantie dafür gibt es nicht. Wenn also von sicherem Fahren und Überholen gesprochen wird, sollte eine solche Möglichkeit bewusst ausgeschlossen werden.

Ein anderer Schüler gibt zu bedenken, dass auch bei schönem Wetter Kurven oder bei geraden Straßen schlechte Sichtverhältnisse durch die Witterung (Nebel, Regen, …) zu berücksichtigen sind. Wird das nicht zu schwer zu berechnen? Solche Fragen sollten für den weiteren Unterrichtsgang gesammelt werden. Es ist ganz zu Beginn nicht sicher entscheidbar, wie viel Realitätsnähe und dadurch wachsende Komplexität die Schulklasse mit ihren mathematischen Mitteln bewältigen kann; sie beginnen mit einem stark vereinfachten Modell und schauen, wie weit sie mit ihren zeitlichen und mathematischen Möglichkeiten kommen. Vielleicht scheitern sie auch an fehlenden und für sie nicht klärbaren Daten oder an zu hohen Anforderungen an Genauigkeit. Das wird sich im Projektverlauf zeigen!

Das erste Modell

Versuchen wir uns (Sie sind herzlich eingeladen, es auch zu versuchen!) am oben erwähnten Beispiel: Auf einer geraden Landstraße fährt ein Lkw mit 80 Kilometern pro Stunde. Ein Motorrad nähert sich mit 100 Kilometern pro Stunde und möchte überholen. Die Straße verläuft geradeaus, Wetter und Straßenbelag etc. sind ideal, es gibt keinen Gegenverkehr – was passiert? Das Motorrad nähert sich dem Lkw bis zum Beginn des Überholvorgangs, wechselt auf die Gegenfahrbahn, überholt und fährt dann, wenn der Abstand zum Lkw genügend groß ist, wieder auf die eigene Fahrbahn. Beide Fahrzeuge fahren während des Überholvorgangs mit konstanter Geschwindigkeit.

Wie kommen wir von der Beschreibung zur Berechnung? Wie lässt sich ein mathematisches Modell bilden? Sehr hilfreich ist in solchen Situationen eine Skizze (siehe Abb. 1).

Die erste Skizze zeigt die Straße von der Seite: Das Motorrad M fährt mit 100 Kilometern pro Stunde hinter dem Lkw her, der eine Geschwindigkeit von 80 Kilometern pro Stunde hat. Hilft uns das? Die Skizze zeigt eine Momentaufnahme, das Motorrad

Abb. 1 Erste Skizze zum Überholen

befindet sich irgendwo hinter dem Lkw. Die oben vorgegebene Beschreibung der Situation ist nur im Ansatz wiedergegeben. Wichtige Aspekte fehlen, insbesondere die Dynamik der Bewegungen. Diese Skizze wird auch dann nicht besser, wenn ich anstelle der Buchstaben Zeichnungen oder Fotos eines Lkws und eines Motorrades verwende. Wir müssen offenbar die Perspektive wechseln, um mehr Informationen aus der Beschreibung in die Skizze zu bringen (siehe Abb. 2).

In dieser Skizze habe ich versucht, durch Indizes die Dynamik der Fahrsituation einzufangen. Zum Zeitpunkt 1 fährt das Motorrad hinter dem Lkw, zum Zeitpunkt 2 neben dem Lkw, zum Zeitpunkt 3 fährt es vorne neben dem Lkw, und zum Zeitpunkt 4 hat es ihn überholt und fährt wieder auf der rechten Fahrspur. Damit zwei Fahrspuren eingezeichnet werden können, brauche ich die Vogelperspektive (oder zumindest eine Sicht von schräg oben, die uns aber weniger geeignet erscheint). Auf der Basis dieser verbesserten Skizze kann ich nun für die drei Phasen zwischen den vier Zeitpunkten etwas ausrechnen.

Zum Zeitpunkt 1 soll der Überholvorgang beginnen. Welchen Abstand zum Lkw hat das Motorrad zu diesem Zeitpunkt? Wenn alle sich an die Verkehrsregeln halten, bietet es sich an, hier den Sicherheitsabstand zu wählen. Wie groß ist dieser? Wir können dazu schätzen, eine Näherungsformel verwenden oder uns genauer in der Physik erkunden. Für den Anfang schätze

$$M_2 \qquad M_3$$

$$M_1 \qquad L_1 \; L_2 \qquad L_3 \; L_4 \qquad M_4$$

Abb. 2 Verbesserte Skizze zum Überholen

ich einfach: 50 m. Wenn ich mich hier verschätze, ist das nicht schlimm. Ich kann leicht sehen, welchen Einfluss ein anderer Wert hat, wenn ich das Modell einmal mit diesem Wert durchgerechnet habe.

Also: Wie lange braucht das Motorrad, um 50 m zurückzulegen? Bei 100 Kilometern pro Stunde sind es ... ? 100 Kilometer pro Stunde sind 100.000 Meter pro Stunde oder 100.000/3600 = 27,78 Meter pro Sekunde. Eine Geschwindigkeit von etwa 27,78 Meter pro Sekunde bedeutet, dass das Motorrad (gerundet) knapp zwei Sekunden braucht.

In der zweiten Phase befindet sich das Motorrad auf der linken Fahrbahn und fährt am Lkw vorbei. Der Lkw ist maximal 20 m lang, also braucht das Motorrad dazu etwas weniger als eine Sekunde.

Die dritte Phase entspricht der ersten, also dauert sie wiederum knapp 2 s. Zusammengefasst braucht das Motorrad (ebenso wie ein Automobil) unter den angenommenen idealen Voraussetzungen knapp 5 s zum Überholen.

Diskussion der Ergebnisse der ersten Modellierung Überraschung! Das geht ja schnell! Fünf Sekunden ist wirklich keine lange Zeit, das Überholen scheint doch nicht so gefährlich zu sein. Allerdings ist schon an dieser Stelle klar, dass alle folgenden Schritte auf dem Weg zu mehr Realitätsnähe dazu führen werden, dass die ausgerechnete Überholzeit länger wird. Das gilt offensichtlich auch ohne Rechnung, wenn der Sicherheitsabstand größer angenommen wird, wenn die Straßenverhältnisse schlechter sind, oder wenn die Ausgangsgeschwindigkeit gleich ist (also eine Beschleunigungsphase hinzukommt). Umgekehrt ist es, wenn die Verkehrsregeln nicht eingehalten werden, also z. B. beim Überholen, (deutlich) schneller als 100 Kilometer pro Stunde gefahren wird.

Inhaltlicher Mangel: Bewegung des Lkws fehlt

Wenn im Rückblick auf den ersten Modellierungsanlauf noch einmal genauer untersucht wird, wie der Weg von Texten über Skizzen zu Berechnungen und ihren Interpretationen verlaufen

ist, wird der Schulklasse vermutlich auch auffallen, dass in
der Berechnung der Lkw steht und nicht fährt. In der zweiten
Skizze wird durch die Indizes 1 bis 4 angedeutet, dass der Lkw
in Bewegung ist, in der Berechnung wird es aber nicht berücksichtigt. Was nun?

Können Sie an dieser Stelle mit einer kleinen Simulation
auf Papier helfen? Sie nehmen Kästchenpapier (aus
dem Rechenheft Ihres Kindes) oder zeichnen auf einem
A4-Blatt alle 5 mm einen Strich. Dann nehmen Sie
zwei Spielsteine (ihre Fahrzeuge) und legen Sie hinter-
einander aufs Papier. Den vorderen Stein schieben Sie pro
Simulationssekunde zwei Felder vor (das sollen 20 Meter
pro Sekunde sein). Der hintere Stein wird schneller bewegt:
z. B. drei Felder pro Sekunde. Wie oft müssen Sie beide
Steine bewegen, bis der hintere Stein überholt hat und mit
sicherem Abstand vor dem anderen Stein fahren kann?

Wie können wir die Fahrt des Lkws mit berücksichtigen?

Hier wie an vielen anderen Stellen im Projektunterricht, in dem
oft Gruppen gebeten werden, Lösungen zu suchen, kann es passie-
ren, dass zwei Gruppen unterschiedliche Lösungen präsentieren,
die auf den ersten Blick plausibel sind.

Plausibel? Nicht richtig oder falsch? Im realitätsbezogenen
Mathematikunterricht kann natürlich auch etwas richtig oder
falsch gerechnet werden, etwa die Lösung einer Gleichung. Wenn
irgendwo im Rechengang $3+2=6$ steht, ist das einfach falsch,
wenn $3+2=5$ auf dem Papier steht, ist es richtig gerechnet. Im
ganz wichtigen Unterschied zum „Rechnen Üben", das ja auch
ein notwendiger Bestandteil des Mathematiklernens ist, geht es

im realitätsbezogenen Mathematikunterricht aber nicht nur um „richtig gerechnet", sondern auch darum, ob und wie gut ein bestimmtes mathematisches Modell, z. B. eine Gleichung, eine reale Situation beschreibt oder erklärt. Wenn dreimal zwei Personen durch ein Tor gehen, sind es $3 . 2 = 6$ Personen und nicht $3 + 2 = 5$ Personen insgesamt. $3 + 2 = 5$ ist dann zwar richtig ausgerechnet, aber die unpassende Gleichung zur Beschreibung des Sachverhalts.

Gruppe 1 argumentiert über die Zeit. Das Motorrad braucht 5 s, um den stehenden Lkw zu überholen. Nun fährt der Lkw in diesen 5 s mit 80 Kilometern pro Stunde weiter, also 222,4 m weit. Diese Strecke müssen wir hinzufügen. Mit Tempo 100 Kilometer pro Stunde braucht das Motorrad etwa 8 s, um 222 m zu fahren, also $8 \text{ s} + 5 \text{ s} = 13 \text{ s}$.

Gruppe 2 nimmt sich die Bewegungsaufgaben als Vorbild, wie sie in den meisten Schulbüchern erklärt sind. Hierzu wird eine Tab. 1 erstellt, in die die Geschwindigkeiten, Zeiten und Wegstrecken für die jeweiligen Objekte eingetragen werden.

Die Geschwindigkeiten wurden auf Meter pro Sekunde umgerechnet. Das Motorrad muss während des Überholvorgangs um 120 m mehr Wegstrecke zurücklegen als der Lkw, da es ja 50 m davor und nach dem Lkw benötigt sowie die Länge des Lkws (20 m) selbst.

Gemäß $s = v \cdot t$ folgt:
$$s + 120 = 27{,}78 \cdot t$$
$$s = 22{,}22 \cdot t$$

Tab. 1 Erste Überlegung zum Überholweg

	Geschwindigkeit in m/s	Zeit in s	Strecke in m
Motorrad	27,78	t	s + 120
Lkw	22,22	t	s

Die zweite Gleichung in die erste Gleichung eingibt dann:

$22,22 \cdot t + 120 = 27,78 \cdot t$

$120 = 5,56 \cdot t$

$t = 21,6 \text{ s}$

Probe:

Motorrad: $27,78 \cdot 21,6 = 600 \text{ m}$

Lkw: $22,22 \cdot 21,6 = 480 \text{ m}$

Somit hat das Motorrad eine um 120 m längere Distanz zurückgelegt als der Lkw. Damit hat es den Lkw überholt.

Hier ergibt sich eine wunderbare Gelegenheit, Sie als Leserin bzw. Leser zum Mitdenken einzuladen:

Worin unterscheiden sich die beiden Modellierungen?

Eine erfahrene Lehrkraft sieht es schnell, soll es aber aus didaktischen Gründen nicht gleich sagen. Hier besteht nämlich eine gute Möglichkeit dafür, dass die Schülerinnen und Schüler Kritikfähigkeit lernen, also ganz konkret die Fähigkeit, ein vorgeschlagenes Modell kritisch zu hinterfragen: Was leistet es? Beschreibt es die Situation korrekt?

Ich wähle hier einen typischen Weg, um die Frage zu entscheiden. Ich schreibe die Werte und Formeln in eine Tabelle, um mithilfe der ausgerechneten Werte eine angemessene Beschreibung des Überholvorgangs zu erhalten. Ich verzichte an dieser Stelle auf einen anderen typischen Weg, nämlich eine Grafik zu erstellen.

Hier folgt die Tab. 2.

Nach 22 s hat das Motorrad 70 m Vorsprung (50 m Sicherheitsabstand plus 20 m Länge des Lkws) – der Überholvorgang ist abgeschlossen. Das Motorrad ist dabei etwas mehr als 600 m gefahren. Das entspricht den Werten, die mit dem Vorschlag der Gruppe 2 errechnet wurden.

Tab. 2 Berechnungen zum Überholweg

Zeit in s	Position auf der x-Achse		
	Motorrad	Lkw	Differenz
0	0,00	50,00	−50,00
1	27,78	72,22	−44,44
2	55,56	94,44	−38,88
3	83,34	116,66	−33,32
4	111,12	138,88	−27,76
5	138,90	161,10	−22,20
6	166,68	183,32	−16,64
7	194,46	205,54	−11,08
8	222,24	227,76	−5,52
9	250,02	249,98	0,04
10	277,80	272,20	5,60
11	305,58	294,42	11,16
12	333,36	316,64	16,72
13	361,14	338,86	22,28
14	388,92	361,08	27,84
15	416,70	383,30	33,40
16	444,48	405,52	38,96
17	472,26	427,74	44,52
18	500,04	449,96	50,08
19	527,82	472,18	55,64
20	555,60	494,40	61,20
21	583,38	516,62	66,76
22	611,16	538,84	72,32

Didaktische Anmerkung: EDV kann nützlich sein

Der Nutzen bezieht sich dabei nicht nur auf die hier vorgestellte Möglichkeit, zwischen unterschiedlichen Modellen zu entscheiden. Wenn die Tabelle (oder Grafik) einmal erstellt ist, lassen sich sehr

leicht Variationen ausrechnen. Was passiert, wenn der Sicherheitsabstand auf 100 m erhöht wird? Dann braucht das Motorrad etwa
39 s und etwa 1100 m. Was passiert, wenn der Lkw 90 Kilometer
pro Stunde fährt, das Motorrad 120 Kilometer pro Stunde, die
Differenzgeschwindigkeit 35 Kilometer pro Stunde ist? Etc.

Entscheidung: Wie geht es weiter?

Nun muss entschieden werden, wie das Projekt „Motorrad
fahren" weitergehen soll. Ich lege sehr großen Wert darauf,
dass hier im Unterschied zu üblichem Mathematikunterricht
eine echte Entscheidungsmöglichkeit besteht, die die Lernenden **selbst** treffen sollen. Im üblichen Unterricht bestimmt der
Lehrplan bzw. seine Umsetzung in einer Abfolge von Kapiteln
im Schulbuch, was geschehen soll. Die Lehrkraft entscheidet, in
welchem Tempo und in welcher Intensität die einzelnen Kapitel
abgearbeitet werden. Die Schülerinnen und Schüler entscheiden
höchstens indirekt, durch ihr Lerntempo, wie schnell es voran-
geht. Im Projekt ist es anders: Es stehen tatsächlich verschiedene
Möglichkeiten zur Fortsetzung zur Auswahl, und im Sinne des
allgemeinen Lehrzieles „Selbstständigkeit" oder „Mündigkeit"
sollen die Lernenden tatsächlich darüber selbst entscheiden.

Welche Möglichkeiten stehen zur Wahl? Die folgenden vier
von vielen anderen Varianten werde ich behandeln:

1. Einfach schätzen und dann Regel formulieren
2. Einen Überholvorgang genauer modellieren
3. Zusatzbedingungen (Kurven, Gegenverkehr, nichtideale Straße,
   …) modellieren
4. Weitere Fragestellungen (Kurven fahren) hinzunehmen

Bei der Entscheidung für eine oder mehrere von diesen oder
eine ganz andere Variante ist es ratsam, auch auf die Ausgangs-
zielsetzung für das Projekt zurückzugreifen. War das Hauptziel,
eine Merkregel für sicheres Überholen zu finden (und dann auch
zu beachten!), fällt die Entscheidung vermutlich anders aus, als
wenn eine vertiefte Erforschung des Motorrad Fahrens mithilfe

von mathematischen Modellen im Zentrum stehen soll. Zulässig als Entscheidungsgrund ist aber auch die Erfahrung mit dem bisherigen Projektverlauf: Sind wir motiviert, noch weiter zu machen? Was wollen wir jetzt noch genauer wissen?

Ad 1)

Basis für diese Variante (und mehr Sicherheit im Straßenverkehr) ist die Fähigkeit, Entfernungen und Geschwindigkeiten gut zu schätzen. Ich schlage vor, dazu eine praktische Übung mit Stoppuhr und Maßband durchzuführen. An der Straße vor der Schule bieten sich vielfältige Gelegenheiten, Entfernungen zu messen (wie weit ist dieser Baum, jenes Geschäft, die nächste Straßenecke oder Ampel entfernt?) und jeweils *vorher* alle schätzen zu lassen, wie groß diese Entfernungen sind. Mit den abgemessenen Strecken und einer Stoppuhr lassen sich dann geschätzte Geschwindigkeiten überprüfen. Die Schülerinnen und Schüler schätzen die Geschwindigkeit eines Autos oder Motorrades, zwei oder drei von ihnen stoppen die Zeit, die es braucht, um eine abgemessene Strecke zurückzulegen, und dann wird die Geschwindigkeit (=Weg/Zeit) ausgerechnet und mit den Schätzungen verglichen. Ganz sicher wird so die Gefahr des Überquerens einer Straße verringert (vgl. Maaß 2018), weil die Schülerinnen und Schüler nach dem Vergleich der Schätzungen und Messungen genauer wissen, wie weit ein Pkw oder Motorrad von der Stelle entfernt ist, an der sie die Straße überqueren wollen. In einem Zusatzprojekt lässt sich dann auch ausrechnen, wie viel Zeit und Weg ein Auto braucht, das mit 55 Kilometern pro Stunde gerade an jenem Baum vorbeifährt.

Wenn wir hoffen können, dass die Schülerinnen und Schüler besser als vor der Übung Entfernungen und Geschwindigkeiten schätzen, bleibt die Frage, bei welchen realen (und hoffentlich auch in der Fahrsituation richtig geschätzten) Entfernungen sicheres Überholen möglich ist. Unsere erste Modellrechnung mit vereinfachenden Annahmen und idealen Bedingungen für die Situation auf einer Landstraße hat ergeben, dass etwa 15 s (und unter schlechteren Bedingungen sicher mehr) zum Überholen notwendig sind. Ohne Gegenverkehr, Kurven etc. sind also knapp 600 m freie Fahrbahn notwendig.

Fragen sie, welchen Einfluss Gegenverkehr haben kann, wird schnell deutlich, dass dem Motorrad ein Pkw auf der Gegenfahrbahn vermutlich mit mindestens 100 Kilometern pro Stunde entgegenfährt. Vielleicht auch mit einer höheren Geschwindigkeit – das ist sehr schwer zu schätzen. Vorsichtshalber sollten sie in die Überlegung „Kann ich jetzt überholen?" einfließen lassen, dass ein entgegenkommender Pkw mindestens 1200 m entfernt sein muss. Wenn sie den Abstand noch vergrößern, haben sie berücksichtigt, dass der Pkw vielleicht schneller als 100 Kilometer pro Stunde fährt, der Lkw 90 km statt 80 Kilometer pro Stunde fährt, dass sie ein wenig zögern, bevor sie zum Überholen durchstarten, etc.

Zum Abschluss des Projektes mit dieser Variante bleibt ein etwas unbefriedigendes Gefühl zurück. Die Schülerinnen und Schüler haben etwas gerechnet und geschätzt und damit eine vielleicht nützliche Regel formuliert, können aber nicht sicher sein, ob das so stimmt. Können sie auf jeden Fall sicher überholen, wenn sie z. B. 1500 m Abstand bis zum Gegenverkehr (oder zu einer Kurve, aus der jemand entgegenkommt) haben? Nicht immer, aber es gäbe sicher schon weniger Unfälle, wenn sich alle an diese grobe Schätzung für einen sicheren Abstand halten würden. Immerhin haben sie das Projekt so mit einem hoffentlich hilfreichen ersten Ergebnis für das Überholen auf Landstraßen bei hohen Geschwindigkeiten abgeschlossen.

Ad 2) Wie lässt sich ein Überholvorgang genauer modellieren?

Der offensichtlich erste Ansatzpunkt ist die erste Phase. Hier haben sie den Abstand zu Beginn des Überholens einfach auf 50 m geschätzt. Nun importieren sie eine Formel aus der Physik, um genauer zu werden. Der Bremsweg s (wie Strecke) hängt von der Geschwindigkeit v und einem Parameter a (Bremsverzögerung) ab: $s(a, v) = 1/(2a) \cdot v^2$

Die Formel sagt ihnen auf den ersten Blick zweierlei:

- Wenn a groß wird, wird s klein. Mit anderen Worten: Wenn die Straßenverhältnisse gut sind und die Bremsen gut wirken, wird der Bremsweg kürzer.
- Die Geschwindigkeit v geht quadratisch ein. Wenn die Geschwindigkeit doppelt so groß ist, wird der Bremsweg viermal so groß.

Nehmen wir ein Beispiel: Im günstigen Fall ist ein Wert für $a = 7$ m/s^2. Dieser Wert kann bei Glatteis bis auf 1 m/s^2 sinken. Bei einer Geschwindigkeit von 10 m/s (also 36 km/h und $a = 7$ m/s^2) ist der Bremsweg 100/14 m $= 7{,}14$ m. Bei einer Geschwindigkeit von 20 m/s (also 72 km/h und $a = 7$ m/s^2) ist der Bremsweg 400/14 m $= 28{,}57$ m. Merke: doppelte Geschwindigkeit, vierfacher Bremsweg!

Sie brauchen noch eine zweite Formel, weil der Anhalteweg, der den Sicherheitsabstand definiert, sich aus dem Reaktionsweg und dem Bremsweg zusammensetzt. Der Anhalteweg ist die Strecke, die ein Fahrzeug braucht, bis es keine Geschwindigkeit mehr hat, also angehalten hat. Der Reaktionsweg ist die Strecke, die ein Fahrzeug zurücklegt, während die Fahrerin bzw. der Fahrer reagiert. Eine Ampel springt auf *Rot,* das Auge nimmt das Signal wahr, das Gehirn verarbeitet es, der Fuß geht auf die Bremse, die ihrerseits ein wenig Zeit braucht, bis sie zu wirken beginnt. Eine aufmerksame Fahrerin hat eine Reaktionszeit von einer Sekunde oder sogar etwas weniger; bei schlechten Bedingungen (Ablenkung durch Radio oder Handy, Müdigkeit, Drogenkonsum, …) kann die Reaktionszeit auf einige Sekunden steigen. Im schlimmsten Fall ist die Reaktionszeit so lang, dass ein Fahrzeug ungebremst auf ein Hindernis prallt. Welchen Weg legt ein Motorrad in der Reaktionszeit zurück?

$$s(v, t) = v \cdot t$$

Die gesuchte Strecke s hängt von der Geschwindigkeit v und der Zeit t ab; sie beträgt v · t.

Ein Beispiel mit $v = 10$ m/s und $t = 1$ s ist $s = 10$ m. Für $v = 20$ m/s und $t = 1$ s ist $s = 20$ m. Der Reaktionsweg wächst proportional zur Geschwindigkeit und zur Zeit. Merke: doppelte Geschwindigkeit, doppelter Reaktionsweg! Und: doppelte Zeit, doppelter Reaktionsweg!

Zusammen gibt das einen Anhalteweg bzw. mindestens einzuhaltenden Sicherheitsabstand von s (a, v) = 1/(2a) · v^2 plus s (v, t) = v · t.

Für 27,78 m/s sind das 55 m plus 27,78 m, also fast 83 m.

Nun ist es an der Zeit, ein wenig Hilfe bei der EDV zu suchen. GeoGebra bietet zurzeit schon mehr als eine Million GeoGebra-Dateien, die für den Mathematikunterricht genutzt werden können. Mehrere davon sind dem Thema Anhalteweg gewidmet, etwa diese: https://www.geogebra.org/m/z8U2AVsT. Wir empfehlen, solche Hilfe anzunehmen, um die zentrale Eigenschaft des Anhaltens besser zu verstehen: den quadratischen Zuwachs.

Didaktischer Kommentar zum Import von nichtmathematischem Wissen

Ist denn das erlaubt? Die Lernenden haben einfach eine Formel aus der Physik verwendet, ohne sie herzuleiten und zu beweisen. Ich meine: *Ja!* So geht das in der Praxis immer, wenn jemand Mathematik in einem realen Kontext anwendet. Andere haben schon Daten gesammelt, Forschungen angestellt und Theorien formuliert. Anwenderinnen oder Nutzer werden weder besser noch schneller, wenn sie das alles ignorieren und so tun, als müssten sie alles neu erfinden und ergründen. Selbstverständlich bestehen immer Risiken, wenn wir uns auf das stützen, was von anderen stammt. Es kann unvollständig, einseitig oder schlicht falsch sein. Dabei spielt es nicht einmal eine so große Rolle, ob wir Experten oder Expertinnen befragen oder in (Fach-)Literatur oder im Internet suchen. Aber wir haben im realitätsbezogenen Mathematikunterricht wie in der mathematisch modellierenden Forschung einen großen Vorteil: Die Modelle zeigen uns, ob die Daten und Theorien plausibel sind, ob sie erklären, was zu erklären und zu verdeutlichen sie behaupten. Das zeigt sich an vielen Beispielen in der Geschichte der Naturwissenschaften. Mathematische Modelle zeigten den Weg zu verbesserten

Theorien. Schwieriger ist es mit sozialen, ökonomischen oder psychologischen Daten und Theorien, weil hier die Objekte der Theorien Subjekte, lebende Menschen sind, die ebenso wie die Daten sammelnden und Theorie bildenden Menschen einen eigenen Willen und eigene Interessen haben. Aber darauf gehe ich an dieser Stelle nicht ein.

Didaktisch wichtig und im Unterricht immer zu thematisieren ist die Frage: Wie genau sind die Daten? Und welche **Genauigkeit** brauchen wir? Wenn ich eine Wand streichen will und die Farbe in großen Eimern kaufe, interessieren mich ein paar Quadratzentimeter nicht. Am Beispiel der Sonde, die zum Pluto gesendet wurde, zeigte sich ein sehr großer Bedarf an Genauigkeit, und in diesem Beispiel scheint es vernünftig, von der menschlichen Seite her zu argumentieren: In Fahrsituationen ist eine Sekunde eine gute Genauigkeit.

Diskussion der Resultate der verbesserten Modellierung

Durch die Verwendung von etwas Physik sind die Schülerinnen und Schüler genauer geworden. Die minimale Zeit für einen Überholvorgang ist in diesem Modell um zwei Sekunden länger geworden. Da sie in der ersten Variante ein großes Sicherheitspolster hinzugegeben haben, ändern sich die Merkregeln nun nicht – solange sie von guten Straßenverhältnissen ausgehen. Was aber passiert, wenn a gegen 1 geht, also sehr schlechte Bedingungen herrschen? Der Bremsweg verlängert sich auf über 385 m! Nehmen wir noch hinzu, dass bei solchen Straßenverhältnissen schon ein Spurwechsel sehr schnell zu einer Rutschpartie werden kann, kommen wir zu einer neuen Merkregel: Bei so schlechten Bedingungen besser gar nicht überholen (und noch besser: gar nicht fahren!).

Wie groß ist dieses geheimnisvolle a unter verschiedenen Bedingungen? Im Internet findet sich eine Tabelle, die für Beispielrechnungen genutzt werden kann: http://www.unfallaufnahme.info/content/uebersichten-listen-und-tabellen/geschwindigkeiten-und-bremswege/.

Wenn wir unterwegs sind, können wir keine Messung durchführen, um a genau zu bestimmen und dann anschließend einen sicheren Abstand auszurechnen. Wir müssen uns auf die Erfahrung und unsere Einschätzung verlassen. Das ist riskant. Wir können das Risiko bewusst mindern, wenn wir nur dann überholen, wenn es ganz sicher erscheint. Das wäre auch ein Rat, den Lehrende Lernenden geben können. Zudem kann es helfen, sich für typische Geschwindigkeiten wie etwa Tempo 100 Kilometer pro Stunde oder 50 Kilometer pro Stunde „sichere" Abstände zu merken.

Ad 3) Zusatzbedingungen (Kurven, Gegenverkehr, nichtideale Straße, ...) modellieren

Kurven können auf mindestens zwei Arten im Unterricht thematisiert werden. Einmal können Schülerinnen und Schüler auf einen Punkt aus der ersten Sammelphase zurückkommen: Welchen Einfluss haben Kurven in der Straße auf das Überholen? Ich schlage vor, diesen Punkt in Kleingruppen diskutieren zu lassen und dann die Ergebnisse zusammenzufassen. Einen Punkt aus einer solchen Zusammenfassung möchte ich hier im Hinblick auf die Verkehrserziehung herausgreifen: Wenn eine Kurve so ist, dass wir nicht sehen, wie die Straße danach weitergeht, müssen wir vorsichtig sein. Was heißt das? Im schlimmsten Fall kommt uns ein Auto so entgegen, dass es mit der höchstzulässigen Geschwindigkeit (oder sogar noch etwas schneller) gerade in der Kurve ist – wir es aber noch nicht sehen können. Wir müssen demnach unseren Überholwunsch so überdenken, als wenn uns tatsächlich eben dieses Auto entgegenkommt, und entsprechend viel freie Strecke einplanen. „Nahe" vor Kurven überholt man besser nicht – wer eine kurvenreiche Stecke (etwa eine Passstraße) fahren möchte, plant also besser etwas zusätzliche Zeit ein.

Die zweite hier behandelte Möglichkeit, Kurven im Mathematikunterricht zu thematisieren, betrifft die eingangs erwähnte Faszination des Kurvenfahrens mit einem Motorrad.

Im Fernsehen sind Rennfahrer zu bewundern, die sich ganz weit seitlich zur Fahrbahn neigen, um die Kurven der Rennstrecke möglichst schnell zu durchfahren.

Gerald Haider hat in seiner Diplomarbeit (vgl. Haider 2009) auch die Physik des Kurvenfahrens mit einem Motorrad genauer untersucht. Ich fasse hier einige Aspekte der Ergebnisse seiner Arbeit inhaltlich zusammen, ohne in die Details zu gehen. Steigen wir mit einer Skizze ein (siehe Abb. 3).

Wer auf dem Motorrad in eine Kurve fährt, versucht die Fliehkraft zu kompensieren, um ein Umfallen des Motorrades zu vermeiden. Dazu unterstützt die Fahrerin bzw. der Fahrer die eingeleitete Seitenneigung durch eine Gewichtsverlagerung zur Kurveninnenseite. Sobald der Schwerpunkt weit genug aus der Spurlinie gekippt ist, vergrößert die Gewichtskraft die Schräglage selbsttätig. Das Motorrad kippt so weit, bis sich aufgrund der Fliehkräfte ein neues, stabiles Gleichgewicht einstellt (vgl. Haider 2009, S. 59).

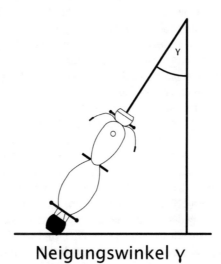

Neigungswinkel γ

Abb. 3 Skizze zur Kurvenfahrt, Neigungswinkel γ („Gamma") (Haider 2009, S. 59)

Wie groß ist dieser Winkel? Ein erstes Zwischenergebnis erhält Haider (mit Bezug auf Stoffregen 2006), wenn er die Gefahr der zu geringen Haftung des Reifens vernachlässigt. Dann hängt der Winkel nur von der Geschwindigkeit und dem Kurvenradius ab. Die zugehörige Formel für den Tangens des Winkels γ ist

$$\tan \gamma = \frac{v^2}{r \cdot g},$$

wobei v die Geschwindigkeit, r der Kurvenradius und g die Beschleunigung zum Erdmittelpunkt ist, die wir alle täglich erleben: $9{,}81 \text{ m/s}^2$.

Schauen wir uns die Formel einmal näher an:

Plausibel scheint, dass mit wachsender Geschwindigkeit v der Winkel wächst und mit größer werdendem Kurvenradius r kleiner wird. Die Geschwindigkeit v geht quadratisch ein, der Kurvenradius „nur" linear. Die Erdanziehung g bleibt konstant. Viel besser als eine solche verbale Beschreibung ist eine Grafik, die uns die Zusammenhänge zeigt.

Versuchen wir einmal, mit einem konstanten Tempo von 50 Kilometern pro Stunde (und zugleich mit Tempo 100 Kilometer pro Stunde) zu schauen, welche Winkel in Abhängigkeit von verschiedenen Kurvenradien notwendig wären, um durch diese Kurve mit dieser Geschwindigkeit zu fahren (siehe Abb. 4).

Auf der senkrechten Achse finden wir den Neigungswinkel in Abhängigkeit vom Kurvenradius, der auf der unteren Achse zu sehen ist. Nehmen wir als Beispiel einen Radius von etwa 50 m (also z. B. einen Kreisverkehr), dann sehen wir einen Neigungswinkel von etwa 21° bei 50 Kilometern pro Stunde und einen Winkel von etwa 58° bei 100 Kilometern pro Stunde (vgl. auch: http://www.cbcity.de/schraeglage-bei-einem-motorrad).

Zur Frage, welche Schräglage möglich und welche ungefährlich (bis etwa 20°) und welche echt gefährlich ist (größer als 40 oder 50°), gibt es viele Faktoren und Ansichten. In den Motorradforen wird das heftig diskutiert. Eine Zusatzinformation zum Rennsport fanden wir im *Standard* vom 21. September 2015 unter der Schlagzeile „Schräglage: Zwischen Pokal und Spital"

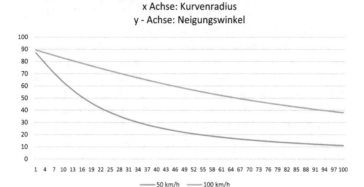

Abb. 4 Information zur Kurvenfahrt: Neigungswinkel

einen Beitrag von Guido Gluschitsch, (https://derstandard. at/2000017130757/Zwischen-Pokal-und-Spital). Der Rennfahrer Marc Márquez „legt … seine Honda in der Kurve um weit mehr als 60° um. Selbst als ihm bei unglaublichen 68° Schräglage das Motorrad wegzurutschen drohte, ließ er sich nicht abwerfen. Er richtete sie wieder auf und fuhr weiter, als wäre nichts gewesen. Dabei sind 68° keine Schräg-, sondern eine Schrecklage" (Gluschitsch 2015).

Mit dem Hinweis, dass bei schlechten Fahrverhältnissen (Regen, Schnee, Schotter auf der Straße etc.) das Kurvenfahren offenbar risikoreicher wird, brechen wir hier die Erörterung der weiteren Details ab. Wenn in der Schulklasse das Interesse besteht, noch genauer hinzuschauen, gibt es dazu viele Hilfen und Daten im Internet, etwa die Diplomarbeit von Hädrich (https://www.unfallrekonstruktion.de/pdf/Haedrich.pdf) oder die Informationen und Aufgaben in https://physikunterricht-online. de/jahrgang-10/kurvenfahrten-zentripetalkraft/.

Fazit Ich hoffe, dass es gelungen ist zu zeigen, wie sich in der Sekundarstufe I das Thema „Motorrad" im Mathematikunterricht mit den beiden sich ergänzenden Zielen „Modellierungskompetenz"

und „Verkehrssicherheit" behandeln lässt. Die Physik des Kurvenfahrens im Detail zu modellieren, erfordert mehr Mathematik – das
gehört in den Analysisunterricht der Oberstufe.

Die zentralen Ergebnisse der mathematischen Modellierung,
also die wichtigsten Unfallursachen, haben wir auch vorher
schon geahnt: Überholwege und Überholzeiten werden unter-
schätzt, Kurven werden zu schnell durchfahren. Alles wird
viel gefährlicher, wenn die Fahr- und Witterungsbedingungen
schlecht sind. Im Unterschied zu den Ahnungen von vorher können wir nun aber quantifizieren bzw. genauer einschätzen, wie
groß diese Gefahren sind.

Literatur

Gluschitsch, G.: https://derstandard.at/2000017130757/Zwischen-Pokal-und-
    Spital (2015)
Haider, G (2009) Mathematik im Motorrad, Diplomarbeit. JKU, Linz
Maaß, J (2015) Modellieren in der Schule. Ein Lernbuch zu Theorie und Pra-
    xis des realitätsbezogenen Mathematikunterrichts. WTM Verlag, Münster
Maaß, J (2018) Schülerinnen und Schüler entwickeln eine „Radarfalle".
    Entdeckender Mathematikunterricht als Beitrag zur Verkehrssicherheit.
    In: Siller HS, Greefrath G, Blum W (Hrsg) Neue Materialien für einen
    realitätsbezogenen Mathematikunterricht 4. 25 Jahre ISTRON-Gruppe –
    eine Best-of-Auswahl aus der ISTRON-Schriftenreihe. Springer, Berlin
Stoffregen, J.: Motorradtechnik. In: Fahrdynamik, S. 12–18. Vieweg, Wies-
    baden. https://tu-dresden.de/bu/verkehr/iad/kft/die-professur/Team/dipl-
    ing-juergen-stoffregen (2006)

Der *Strahlende September* erhellt den Unterricht in Kunst und Mathematik

Jürgen Maaß und Romana Fellner

Wer an einen die Fächer Kunst und Mathematik übergreifenden Unterricht denkt, assoziiert vermutlich zunächst den goldenen Schnitt und wahrscheinlich auch berühmte Namen wie Albrecht Dürer[1]. Im Mittelpunkt dieses Beitrags steht ein weniger bekanntes Bild: *Strahlender September* von Josef Albers.[2]

Im Unterricht soll der Einstieg über ein gemeinsames Betrachten des Bildes (eines Posters oder einer Wiedergabe auf dem Bildschirm) beginnen (vgl. zum vorgeschlagenen Unterrichtsablauf im Detail Fellner (2016, S. 5, 9 ff.). Die Erkenntnisse der visuellen Analyse werden mathematisch an einem Modell des Bildes überprüft. Zudem wird durch die mathematische Analyse des Originalbildes gezeigt, dass es sich bei dem zuvor verwendeten Modellbild tatsächlich um das Modell des Originalbildes handelt. Hierbei wird mit dem Bild *Strahlender September* als Vertreter der Kunst ein kreativer Zugang zu verschiedenen mathematischen Themen geliefert. Die erarbeiteten mathematischen Erkenntnisse werden weiterführend für die

J. Maaß (✉)
School of Education, Institut für Didaktik der Mathematik,
Johannes Kepler Universität Linz, Linz, Österreich
E-Mail: juergen.maasz@jku.at

R. Fellner (✉)
Gymnasium, Braunau, Österreich
E-Mail: romana.fellner@gymbraunau.at

© Springer-Verlag GmbH Deutschland, ein Teil von Springer Nature 2019
J. Maaß (Hrsg.), *Attraktiver Mathematikunterricht,*
https://doi.org/10.1007/978-3-662-60479-3_9

Interpretation der Wirkung des Bildes herangezogen, die durch verschiedene Gestaltungsprinzipien vom Künstler geschaffen wurde. Die Mathematik liefert so eine vereinfachte Herangehensweise zur Interpretation der Wahrnehmung eines künstlerischen Bildes. Die erarbeitete Verbindung zwischen der Mathematik und der Kunst wird im folgenden, kreativen Teil des Projekts durch verschiedene Experimente mit dem Modellbild verdeutlicht. Insbesondere wird probiert, welche kleinen oder großen Veränderungen in Form und Farbe zu anderen optischen Eindrücken führen.

Der erste Schritt: Wir erstellen ein Modell

Offensichtlich hat eine Schulklasse nicht die Möglichkeit, mit dem Originalbild zu arbeiten. Allein das finanzielle Risiko spricht deutlich dagegen. Zudem soll ja mit dem Bild experimentiert werden. Also ist der erste Arbeitsschritt, ein Modell des Bildes zu erstellen. Dabei stellt sich gleichsam von selbst eine erste mathematische Aufgabe: Wie wird aus einem Bild, das $121,5 \cdot 121,5$ cm groß ist, ein Bild, mit dem wir in der Schulklasse arbeiten können? Die Antwort auf diese Frage finden wir dort, wo z. B. mit Landkarten oder Planzeichnungen für Bauwerke gearbeitet wird. Ein Maßstab wird gesucht: Alle Längen sollen um denselben Faktor verkleinert werden. Wer etwa einen Stadtplan auf Papier oder auf einem Bildschirm betrachtet, findet dort irgendwo einen Hinweis wie 1:20.000 oder eine Musterstrecke, die z. B. einen Kilometer lang ist.

Wir haben uns für einen Maßstab entschieden, der zu einem Modell führt, das 10×10 cm groß ist.[3] Wir messen die Strecken (Seiten der Rechtecke) im Bild, rechnen (gemessene Strecke geteilt durch 12,15), zeichnen die gemessenen Strecken und erhalten folgende Skizze (siehe Abb. 1).

Was sehen Sie? Ein paar gerade Linien? Vier Rechtecke? Vier Quadrate? Entsteht für Sie ein räumlicher Eindruck? Ist das innerste Quadrat höher oder tiefer als die Ebene des Papiers?

Vielleicht ändern sich die Einsichten und damit die Antworten, wenn Sie das Modell in verschiedenen Darstellungen sehen (siehe Abb. 2).

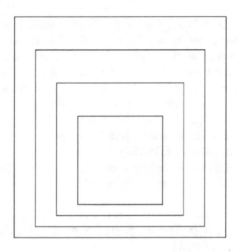

Abb. 1 Erste Skizze

Abb. 2 Ein farbiges Modell (Fellner 2016, S. 19; vgl. die Variationen dazu: Warendorf 1999, http://www.laurentianum.de/ldalbe01.htm)

Eine Schulklasse aus dem Gymnasium Laurentianum in Warendorf hat es ins Netz gestellt. Wenn Sie unter der angegebenen Adresse im Internet nachschauen, erkennen Sie noch viel mehr als dieses eine Modell, in dem die Farben dem Original gut nachempfunden wurden. Die Schulklasse hat experimentiert und lädt zum Betrachten ein: Was sehen Sie, wenn andere Farben gewählt werden? Nehmen Sie nun einen dreidimensionalen Effekt wahr? Sind Stufen aufeinander gestapelt, oder geht es in die Tiefe hinein?

Nach unseren Erfahrungen mit verschiedenen Testgruppen sind beide Möglichkeiten häufig vertreten.

Zweiter Schritt: Wir interpretieren das Modell und stellen Fragen

Wir hoffen, dass damit Ihre Neugier und die der Lernenden in der Schule geweckt sind. Woran liegt es, dass das Gehirn aus einigen Linien bzw. Quadraten auf Papier oder dem Computerbildschirm etwas Dreidimensionales zusammensetzt?

> Wir ersuchen Sie, ganz bewusst auf viele Bilder zu schauen: Welche wirken plastisch, dreidimensional und welche weniger oder gar nicht? Versuchen Sie herauszufinden, woran es liegt! Ist es die Wahl der Motive? Der Farben? Der Formen? Die Anordnung von Bildelementen? Notieren Sie bitte Ihre Eindrücke und vergleichen Sie diese mit den folgenden Ausführungen zu diesem einen Bild.

Wir erleben ähnliche Aktivitäten des Gehirns ganz selbstverständlich, wenn wir ein Werbeplakat oder einen Film im Fernsehen anschauen. Wir wissen, dass die Menschen, die dort zu sehen sind, nicht so flach wie das Papier oder der Bildschirm sind. Deshalb interpretiert unser Gehirn auf der Basis dieses Wissens die durchs Auge aufgenommenen Informationen und sagt uns: Dies ist ein Mensch, der etwas genießt oder sich bewegt. Die Quadrate des Bildes *Strahlender September* aber kennen wir nicht. Unser Gehirn identifiziert hier also nichts, was uns als dreidimensional bekannt ist, wie einen Menschen oder ein Auto. Dennoch interpretiert es die Linien als Objekt mit Volumen oder Tiefe.

Wir schlagen vor, die Schulklasse überlegen zu lassen, welche Eigenschaften des Bildes unser Gehirn beeinflussen. Ziel der Überlegungen ist natürlich nicht nur das bessere Verständnis dieses Bildes, sondern unseres optischen Wahrnehmungsvermögens insgesamt und der geometrischen oder künstlerischen Möglichkeiten, es zu beeinflussen. Wenn wir verstehen, weshalb Linien auf dem Papier von unserem Gehirn zu einem dreidimensionalen Objekt zusammengesetzt werden, können wir den Effekt vielleicht sogar gezielt nutzen?

Dritter Schritt: Experimente und Auswertungen

In der Diplomarbeit werden sehr viele Experimente beschrieben und genau analysiert. Wir geben einen Überblick und wählen einige wenige Beispiele aus, die wir etwas ausführlicher beschreiben.

Zu Beginn beschriften wir die Quadrate des Modellbildes, damit wir uns über die Eigenschaften besser verständigen können. Dazu verwenden wir sogenannte Indizes. Die Quadrate sind nun für uns von innen nach außen Q_1 bis Q_4. Die Seiten oben heißen a_1 bis a_4, die rechts b_1 bis b_4, die unten c_1 bis c_4 und die links d_1 bis d_4 (siehe Abb. 3).

Nun können wir nachmessen, dass in unserem „10-Zentimeter-Modell" tatsächlich und wie erwartet die Seiten eines jeden Quadrates gleich lang sind und senkrecht aufeinander stehen.

Als Nächstes beginnen wir, auf die Quadrate gemeinsam zu schauen, indem wir Diagonalen einzeichnen (siehe Abb. 4).

Haben Sie erwartet, dass sich die Diagonalen in einem Punkt schneiden? Sicher nicht! Die Diagonalen ergeben ein symmetrisches Muster in der Bildmitte.

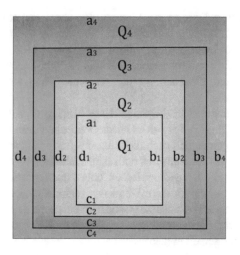

Abb. 3 Beschriftung (Fellner 2016, S. 22)

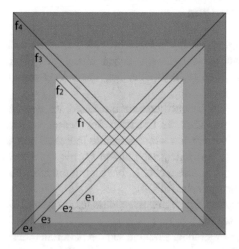

Abb. 4 Diagonalen (Fellner 2016, S. 26)

Nun erscheint es im Zuge einer systematischen Untersuchung sinnvoll, alle sichtbaren geometrischen Objekte zu vermessen und die gemessenen Größen zueinander in Beziehung zu setzen. Umfang, Flächeninhalt, Umkreis und Inkreis, Proportionen ... In der Diplomarbeit wird dies alles gründlich ausgearbeitet (vgl. Fellner 2016, S. 19–128). Hier in diesem Beitrag können wir darauf verzichten, weil auf diese Weise keine klare Spur zur Lösung des Geheimnisses gefunden wurde.

Hilfe aus der Kunst: Fluchtpunkt

Wir kommen mit einfachen mathematischen Mitteln nicht weiter. Aber wir können die Kolleginnen und Kollegen aus der Kunst um Hilfe bitten und erhalten von dort den Tipp: Betrachtet den Fluchtpunkt!

Wenn wir annehmen, dass es sich beim Modellbild *Strahlender September* um ein perspektivisches Bild einer räumlichen Situation handelt, können wir den Fluchtpunkt als Schnittpunkt der Geraden durch die Eckpunkte der Quadrate erhalten. Das klingt komplizierter als es ist, wie das folgende Bild zeigt (siehe Abb. 5).

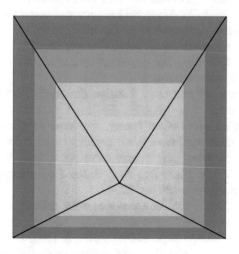

Abb. 5 Fluchtpunkt (Fellner 2016, S. 73)

Gehen wir davon aus, dass es sich bei dem Modellbild *Strahlender September* um ein perspektivisches Bild eines Tunnels handelt, erkennen wir die Eigenschaft, dass die Hilfslinien durch die Eckpunkte der Quadrate in Wirklichkeit parallelen Linien entsprechen würden und die Raumkanten eines Tunnels wären. Ebenso ist zu erkennen, dass die Eckpunkte der Quadrate, die jeweils auf einer Hilfslinie liegen, in Wirklichkeit auf einer Raumkante des Ganges liegen würden.

Der Fluchtpunkt eines perspektivischen Bildes ist der Punkt, in dem alle Linien, die in Wirklichkeit, also in einer räumlichen Situation, parallel sind, zusammenlaufen (Fellner 2016, S. 73; vgl. Ulf 2012, S. 66–69).

Sehen Sie nun einen Tunnel? Nachdem wir unser Gehirn hinreichend ausführlich darüber informiert haben, dass die Quadrate im Bild eigentlich einen Tunnel darstellen, liefert uns unser Gehirn beim Blick auf das Bild auch die passende Information: Wir sehen einen Tunnel!

Experimente

Nach dem Erfolgserlebnis mit dem Fluchtpunkt ist unsere Neugier gewachsen: Welche Veränderungen an unserem Modell des Bildes führen zu dem Resultat, dass unser Gehirn uns weiter mitteilt, dass wir einen Tunnel sehen – oder auch nicht? Wir ahnen, dass diese Mitteilung davon abhängt, ob und wie die Veränderung den Fluchtpunkt beeinflusst.

Beginnen wir mit einer Rotation des Modellbildes um 90° (siehe Abb. 6).

Wir sehen weiter einen Tunnel, aber unser subjektiver Standpunkt ist näher zur linken Wand gerückt. Es kann aber auch der Eindruck entstehen, der Tunnel führt etwas nach links – und nicht geradeaus. Was sehen Sie? Testen Sie bitte auch andere Rotationen, also um 180 und 270°.

Nun beginnen wir, die Quadrate im Modellbild zu bewegen: Abstände vergrößern, zentrisch strecken und stauchen mit verschiedenen Werten (vgl. Fellner 2016, S. 139 ff.). Wie geahnt kommt es bei der optischen Wirkung immer darauf an, ob unser

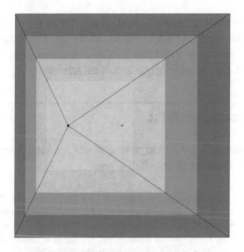

Abb. 6 Modellbild Rotation um 90° (Fellner 2016, S. 163)

Abb. 7 Modellbild unregelmäßige Quadrate (Fellner 2016, S. 191)

Gehirn einen Fluchtpunkt erkennt. Mit Fluchtpunkt sehen wir – mit verschiedenen Zusatzeffekten – in einen Tunnel.

Abschließend und zum Kontrast noch ein Gegenbeispiel: unregelmäßig angeordnete Quadrate im Modell (siehe Abb. 7).

Wir sehen hier keinen Tunnel, aber können uns durchaus vorstellen, dass mehrere Quader aufeinanderliegen. Der erste Eindruck,
es könnte auch nach oben gehen (ein Pyramidenstumpf aus Quadern),
wird durch die Unregelmäßigkeit nicht aufgehoben.

Der Pyramideneffekt

Wie erklärt sich der Effekt, mit dem wir im Modell einen Pyra-
midenstupf sehen? Durch die Farben:

„Die Interpretation der Wirkung des Bildes ‚Strahlender September' als einen Pyramidenstumpf, der durch den Qualitätskontrast der
Farbe Gelb innen und den gebrochenen Farben nach außen erzeugt
wird, entsteht auch wenn eine Person mittig parallel auf das Bild
blickt. Das gemalte Bild wird von der betrachtenden Person als ein
Pyramidenstumpf von der Vogelperspektive aus, dessen Vorderseite
steiler und Hinterseite flacher ist, als die linke und rechte Seite, welche die gleiche Steigung aufweisen, wahrgenommen. Es entsteht bei
der Betrachterin und beim Betrachter die Wirkung eines quadratischen Pyramidenstumpfes, durch die Größenkonstanz, da im Bild
alle Abstände zwischen den entsprechenden Seiten der Farbquadrate
gleich groß sind. Der Pyramidenstumpf wird von der betrachtenden
Person, bei der zentralen Betrachtungsposition, mit zwei gleich langen Seiten links und rechts, welche die gleiche Steigung besitzen,
wahrgenommen. Dieser Eindruck entsteht, da der mathematisch
analysierte Schnittpunkt der Linien durch die Eckpunkte, also die
Spitze der Pyramide, dessen Position von den Abständen zwischen
den Quadraten abhängig ist und der Betrachtungspunkt sich jeweils
waagrecht in der Mitte des Bildes befinden. Durch die mathematische Erkenntnis der identen Abstände der linken und rechten Seiten der Farbquadrate zum Betrachtungspunkt entsteht bei
der betrachtenden Person der Eindruck der gleichen räumlichen
Tiefe der linken und rechten Seiten. Somit werden die linke und
die rechte Seite des Pyramidenstumpfes mit derselben Länge sowie
derselben Steigung von der betrachtenden Person wahrgenommen.
Da die Betrachterin oder der Betrachter von einer mittig parallelen
Betrachtungsposition auf das Bild blickt, wird bei der betrachtenden
Person die Wirkung einer steileren Vorderseite und flacheren Hinterseite des Pyramidenstumpfes aus der Vogelperspektive aus erzeugt.
Diese Interpretation der Wahrnehmung des gemalten Bildes entsteht, da die kleineren Abstände der Farbflächen auf der Vorderseite
des Pyramidenstumpfes, also in der unteren Bildhälfte, nicht mehr

wegen der Nähe zum Fluchtpunkt durch das Prinzip der Prägnanz und der Größenkonstanz größer vergrößert werden als die Abstände zwischen den Farbflächen auf der Hinterseite, also der oberen Bildkante. Somit wird die Länge der Vorderseite des Pyramidenstumpfes von der Betrachterin und vom Betrachter als kürzer wahrgenommen als die Rückseite des Pyramidenstumpfes. Durch das Prinzip der Prägnanz werden im Gehirn der Betrachterin und des Betrachters die Längen und Steigungen der vier Seiten des Pyramidenstumpfes so interpretiert, dass die Schnittfläche, also das gelbe Farbquadrat des Pyramidenstumpfes, in einer räumlichen Tiefe wahrgenommen wird. Es entsteht somit die Wirkung, dass der Pyramidenstumpf bei der Schnittfläche immer gleich hoch ist. Das Gehirn einer Person kann das Bild ‚Strahlender September‘ so interpretieren, dass es die Wahrnehmung eines quadratischen Pyramidenstumpfes aus der Vogelperspektive, dessen Vorderseite steiler und Hinterseite flacher ist, als die linken und rechten Seiten, welche die gleiche Steigung aufweisen, erzeugt" (Fellner 2016, S. 136 f.).

Ausblick

Zum Abschluss des Projektes empfehlen wir wie immer, wenn ein Stück des Weges im Unterricht gegangen wurde, einen Rückblick und einen Ausblick. Die Schulklasse wird aufgefordert, sich an ihren Weg durch das Projekt zu erinnern und sich darüber klar zu werden, welche Schritte zum Ziel besonders gut oder besonders schlecht gelungen sind. Dabei geht es im Kern nicht um Jubeln oder Jammern, sondern um den Lerneffekt, der für andere Projekte in der Schule im Leben danach mitgenommen werden kann.

Übersicht

Der Ausblick lädt zum künstlerisch-mathematischen Schaffen ein: Können Sie nun mehrere Ellipsen oder Kreise so ineinander zeichnen, dass der Eindruck eines Tunnels entsteht? Können Sie auch einen Tunnel skizzieren, der erst gerade verläuft und dann nach links oder rechts abbiegt?

Berichten Sie uns bitte von Ihren Erfahrungen! (Senden Sie bitte Bilder per Mail an: juergen.maasz@jku.at)

Anmerkungen

1. https://de.wikipedia.org/wiki/Albrecht_D%C3%BCrer.
2. Aus urheberrechtlichen Gründen dürfen wir das Bild hier nicht direkt wiedergeben. Es findet sich hier: Museum im Kulturspeicher Würzburg; Institut für Mathematik der Universität Würzburg (2014, S. 134).
3. Im gedruckten Text sind die Modelle aus Layoutgründen unterschiedlich groß.

Literatur

Fellner, R.: Das Bild „Strahlender September" als Ausgangspunkt für fächerübergreifenden Unterricht, Diplomarbeit JKU Linz. http://epub.jku.at/obvulihs/content/titleinfo/1370357 (2016)

Gymnasium Laurentianum Warendorf. http://www.laurentianum.de/ldalbe01.htm (1999)

Museum im Kulturspeicher Würzburg; Institut für Mathematik der Universität Würzburg (2014)

Ulf, J.: Grundlagen der Gestaltung, 2. Aufl. Vieweg Springer, Berlin (2012)

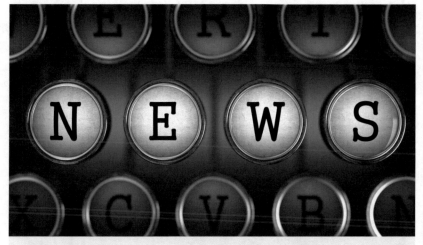